Guerilla Marketing

unkonventionell
überraschend
effektiv

Impressum:
ISBN: 978-3-902672-81-0
© 2012 echomedia buchverlag ges.m.b.h.
und Österreichische Marketing-Gesellschaft,
Gumpendorfer Straße 19, 1060 Wien

Produktion: Ilse Helmreich
Produktionsassistenz: Brigitte Lang
Layout: Elisabeth Waidhofer
Lektorat: Roswitha Singer-Valentin
Herstellungsort: Wien

Tomas Veres Ruzicka

Guerilla Marketing

unkonventionell
überraschend
effektiv

(((echomedia
BUCHVERLAG

Inhalt

Zum Geleit

Ein Vorwort für Below-the-Line-Aktivitäten von der IP Österreich? Ein „klassischer, alteingesessener" Medienkonzern setzt sich mit viralem Marketing auseinander – das grenzt wohl selbst an eine literarische virale Aktion …

Und dennoch sehen wir im achten Buch der Österreichischen Marketing-Gesellschaft keinen Gegensatz zu unserer Unternehmensstrategie. Im Gegenteil, es ist für die IP Österreich und die gesamte RTL-Gruppe lebensnotwendig, sich permanent mit einer Gesellschaft im Wandel, mit neuen Zielgruppen und veränderten Geisteshaltungen bestehender Mediennutzer oder wachsenden Anforderungen der werbetreibenden Industrie zu beschäftigen. Daraus entstehen wieder neue strategische Ansätze, die, unterstützt von technologischen Weiterentwicklungen, immer stärker auf individualisierte Kommunikationsformen fokussieren und erweiterte Kanäle und Formate erfordern.

© IP Österreich

Mag. Gerhard Riedler
Geschäftsführer IP Österreich

Mobiles Fernsehen, Video on Demand oder Fernsehen in HD-Qualität sind nur einige der aktuellen Neuerungen.

Was aber unterscheidet Guerilla Marketing von klassischem Marketing?

Zum einen ist es die Größe der werbetreibenden Unternehmen, die den Unterschied macht: In Österreich greifen Klein- und Mittelbetriebe in Ermangelung üppiger Budgets häufig zu Guerilla Marketing als einzigem Marketinginstrument.

Großunternehmen, zumeist internationaler Herkunft, integrieren Guerilla Marketing zunehmend in den gesamten Marketing-Mix, vor allem, um regionale Akzente zu setzen.

Die Dienstleistungsbranche, NPOs und Branchen, die mit Werbeverboten belegt sind, sind Spitzenreiter im Gebrauch von Guerilla-Aktionen. Mit Ausnahme der letztgenannten Gruppe sind dies jedoch durchaus auch „unsere Kunden".

Weitere Unterscheidungsmerkmale sind der Zeitraum der Planung und die Bereitstellung von Ressourcen. Kurz- bis mittelfristig ist die Vorlaufzeit für Guerilla-

Aktionen, mittel- bis langfristig werden klassische Marketingmaßnahmen vorbereitet. Doch auch im klassischen Marketing gewinnen zunehmend jene Medien, die ihren Kunden größtmögliche Flexibilität in Format und Zeithorizont bieten können.

Dafür ist der persönliche Einsatz der agierenden Proponenten beim Guerilla Marketing ungleich höher, da selten automatisierte Abläufe zum Tragen kommen und deshalb oft neue, unkonventionelle „Vertriebswege" erschlossen werden müssen. Doch, wie gesagt: Vor allem die elektronischen Medien wachsen unverhältnismäßig schnell mit den Erfordernissen des Marktes und den technologischen Möglichkeiten.

Einer der gravierendsten Unterschiede ist die Rechtssicherheit: Während sich die eine oder andere Guerilla-Aktion durchaus im legalen „Graubereich" bewegt, unterwerfen sich die großen klassischen Medien nicht nur strikt den herrschenden Mediengesetzen, sondern engagieren sich zudem auch in freiwilligen Selbstbeschränkungs-Szenarien, um, eingedenk ihrer starken Breitenwirkung, auch ethisch und moralisch ihre Vorbildfunktion auszuüben.

Doch beiden Bereichen ist eines gemeinsam: Am Beginn jedes Marketingprozesses stehen die kreative Strategie, Leidenschaft zum Produkt/zur Dienstleistung und Professionalität in der Umsetzung.

Mag. Gerhard Riedler
Geschäftsführer IP Österreich

Vorwort

Das achte Buch der Österreichischen Marketing-Gesellschaft basiert auf einer Master Thesis über eine relativ
junge Below-the-Line-Marketingform.

Während der Marketingexperte Jay C. Levinson,
der überhaupt erst den Begriff des Guerilla Marketings
prägte, mit seinem 1984 erschienenen „Guerilla Marketing Handbuch" ein Standardwerk geschaffen hat, das
bis jetzt in 42 Sprachen übersetzt wurde, existieren in
Österreich kaum Publikationen heimischer Autoren.
Zwar setzte sich Daniela Krautsack 2006 in ihrem Film
„Cows in Jackets" eindrucksvoll und professionell mit
dem Thema weltweit auseinander, aber es mangelt hier-
zulande einerseits an validen wissenschaftlichen Unter-
suchungsergebnissen über Ziele und Hintergründe von
Guerilla-Marketing-Aktionen und andererseits an Beispielen von heimischen Unternehmen.

Dieses Buch versucht auf leicht verständliche Weise, diese Lücken ein wenig zu füllen. Denn jedes Buch
unserer Marketingreihe hat den Anspruch, von viel

beschäftigten Branchenprofis auch nach einem langen Arbeitstag noch gut aufgenommen zu werden.

Ausgehend vom Begriff des Guerilla-Krieges, wo kleine, wendige Kampfeinheiten den übermächtigen, bis an die Zähne bewaffneten Gegner durch „nadelstichartige" Operationen zermürben, agiert Guerilla Marketing überraschend und unerwartet.

Geeignet für schmale Marketingbudgets mit viel Kreativität, intensiven Recherchen bezüglich Zielgruppe und/oder Mitbewerb, hohem persönlichem Einsatz der Protagonisten und einer gewissen Risikobereitschaft, was Erfolg oder Misserfolg der Unternehmung oder gesetzliche Hürden betrifft, oder als Teil des Marketing-Mix großer Unternehmen hat sich Guerilla Marketing gut etabliert.

Doch Guerilla Marketing ist nur der Oberbegriff für verschiedene Spielarten von Nischen-Marketing, das auf die immer individueller und kritischer agierenden Zielgruppen eingehen muss.

Am häufigsten werden Viral Marketing, Ambush Marketing, Ambient-Media-Strategien und Sensation Marketing eingesetzt. Als Strategien eignen sich dafür Trittbrettfahrer-Marketing (Ambush Marketing), Empfehlungsmarketing (Viral oder Buzz Marketing) und das sogenannte Lebensumfeld-Marketing (z. B. Ambient Media, Sensation Marketing).

So spannend und originell viele der angeführten Beispiele sind, so können Guerilla-Aktivitäten auch den genau gegenteiligen Effekt haben und spektakulär scheitern. Aus diesem Grund ist Guerilla Marketing im Vorfeld genauso auf seine Plausibilität zu prüfen wie jedes andere Instrument im Marketing-Mix.

Dr. Gabriele Stanek
Vizepräsidentin der ÖMG

>> Executive Summary

Guerilla Marketing gewinnt in zahlreichen Unternehmen zunehmend an Bedeutung als kosteneffizientes und unkonventionelles Instrument in der Kommunikationspolitik.

Die Ergebnisse einer empirischen Studie zeigen, dass Guerilla Marketing einerseits von kleinen Unternehmen (bis 10 Mitarbeiter) als Gesamtkonzept und andererseits von großen Unternehmen (ab 100 Mitarbeitern) als Ergänzung zu klassischen Kampagnen praktiziert wird. Für Non-Profit-Unternehmen, politische Parteien und Branchen, die mit Werbeverboten konfrontiert sind oder starkem Wettbewerb ausgesetzt sind, ist Guerilla Marketing besonders interessant. Darüber hinaus eignet es sich vor allem dazu, klar definierte Nischen qualitativ zu erreichen.

Das Lifestylekonzept der Bobo-Kultur reagiert besonders stark auf unkonventionelle Marketing-Aktivitäten. Diese „konservativen Hedonisten" sind überzeugte Individualisten, die sich nach origineller und authentischer Werbung orientieren. Obwohl sich Guerilla Marketing ursprünglich oft am Rande der Legalität bewegt hat, ist es in seiner heutigen Ausprägung aus ethischer Sicht überwiegend unproblematisch. Guerilla Marketing soll kontroverse Reaktionen in der Öffentlichkeit auslösen und Diskussionen entfachen.

PR und Mund-zu-Mund-Propaganda sind die Multiplikatoren, mit deren Hilfe Guerilla Marketing nahezu kostenlos die gewünschte Reichweite erzielt. Guerilla Marketing wird hauptsächlich eingesetzt, um punktuell für Aufmerksamkeit zu sorgen sowie langfristig durch konsequente Anwendung ein Image aufzubauen.

Kapitel 0

/// Theoretische und praktische Aspekte
des Guerilla Marketings

/// Einleitung

Im digitalen Zeitalter ändern sich die Märkte schneller als das Marketing. Unternehmen, die sich erfolgreich behaupten wollen, benötigen heutzutage neue Denkmodelle, um die von Werbung genervten Konsumenten qualitativ mit einer Botschaft zu erreichen. Massenwerbung funktioniert nicht mehr. Trends, Gewohnheiten und Technologien ändern sich sprichwörtlich „über Nacht". 1990 warben in Deutschland noch 2.000 Marken im Fernsehen, zehn Jahre später ist die Zahl auf 69.000 angestiegen. [1]

Der Konsument kann die steigende Menge an Werbeimpulsen kaum noch verarbeiten. Immer mehr Unternehmen fusionieren zu „Global Playern", während die in Europa so zahlreich vorhandenen Klein- und Mittelbetriebe über immer geringere Marketingbudgets verfügen und sich nur durch innovative Konzepte mit gezieltem Einsatz ihrer Ressourcen behaupten können. Die Wirtschaftskrisen der letzten und auch kommenden Jahre machen darüber hinaus in vielen Branchen ein Umdenken in der Vermarktung notwendig. Guerilla Marketing bietet in vielen Bereichen einen unkonventionellen Lösungsansatz, da es mit geringen finanziellen Mitteln auskommt und sich oft abseits der traditionellen

[1] vgl. Grauel, Ralf (2002), S. 5off

Kommunikationskanäle bewegt. Es kommt ursprünglich aus den USA und wird heutzutage von nahezu allen Industrienationen angewendet. Auch in Österreich ist Guerilla Marketing längst kein Fremdwort mehr. Das Spannungsfeld des heutigen Marketings hat Daniela Krautsack in ihrer bereits im Jahr 2006 im ORF ausgestrahlten Dokumentation „Cows in Jackets" sehr gelungen thematisiert. Sie analysiert dabei unkonventionelle Werbung im Out-of-Home-Bereich (Ambient Media), der wichtigsten Spielwiese des Guerilla Marketings. Nahezu alle Werbeagenturen bieten mittlerweile die Entwicklung und Umsetzung von komplexeren Guerilla-Marketing-Kampagnen an (z. B. *Publicis, PKP BBDO, Brand Circus*), andere haben sich auf Teilbereiche spezialisiert, wie zum Beispiel *ambuzzador*, eine Buzz-Marketing-Agentur, oder der *Verband Ambient Media und Promotion Österreich* (vamp.co.at), der jährlich den AFSP Award für die besten Below-the-Line-Aktivitäten vergibt. In Deutschland findet seit 2004 in Köln jährlich ein Guerilla-Marketing-Kongress statt, bei dem aktuelle Entwicklungen diskutiert werden.

Die Illustration auf Seite 20 zeigt nach einer Studie der *Robert und Horst GmbH* die Anwendung alternativer Werbeformen in Deutschland in den Jahren 2003, 2005, 2007 und 2009.

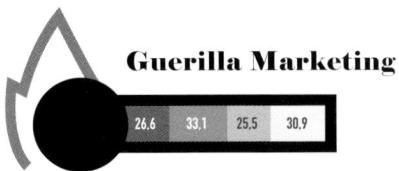

Guerilla Marketing

26,6 | 33,1 | 25,5 | 30,9

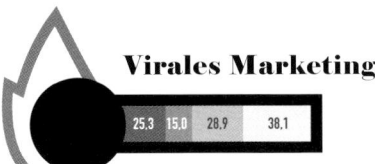

Virales Marketing

25,3 | 15,0 | 28,9 | 38,1

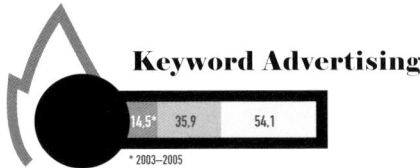

Keyword Advertising

14,5* | 35,9 | 54,1

* 2003–2005

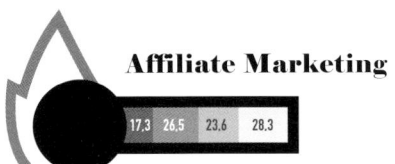

Affiliate Marketing

17,3 | 26,5 | 23,6 | 28,3

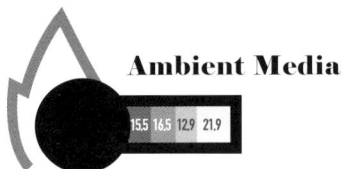

Ambient Media

15,5 | 16,5 | 12,9 | 21,9

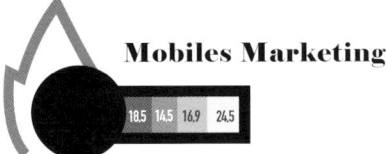

Mobiles Marketing

18,5 | 14,5 | 16,9 | 24,5

>> Zahlen in Prozent, Stichprobengröße
2003: 255
2005: 242
2007: 326
2009: 233
Methode: Online Research – selbst auszufüllender Fragebogen im Internet

2003
2005
2007
2009

/// Definition Guerilla Marketing

Da Guerilla Marketing ein relativ neuartiges Marketing-instrument ist, herrscht über die Definition und den Um-fang des Begriffs weitgehend Uneinigkeit. Als Initiator gilt der US-amerikanische Autor Jay Conrad Levinson, wobei seine Lehre Nachholbedarf aufweist. In diesem Buch werden unter dem Begriff Guerilla Marketing alle unkonventionellen Marketingformen subsumiert. In Literatur und Praxis werden die einzelnen Ansätze oft als eigenständige Marketingtechniken dargestellt.

„Guerilla Marketing ist unkonventionelles Marketing, welches konventionelle Ziele mit einem geringen Bud-get erreicht. Dabei wird versucht, durch überraschende, originelle, unterhaltsame und oft punktuell eingesetzte Aktionen Aufmerksamkeit zu erzeugen oder einen Kon-kurrenten zu schwächen." [2]

„Guerilla Marketing ist die Kunst, den von Werbung übersättigten Konsumenten größtmögliche Aufmerk-samkeit zu entlocken. Dazu ist es notwendig, dass sich der Guerilla-Marketer möglichst außerhalb der klassi-schen Werbekanäle bewegt." [3]

---

[2] vgl. Schulte, Thorsten / Pradel, Marcus (2004), S. 15 sowie Levinson, Jay Conrad auf gmarketing.com
[3] vgl. Breitenbach, Patrick [26. 3. 2005]

Die erste Definition beschreibt den ursprünglichen Charakter des Guerilla Marketings und ist eine Zusammenfassung zweier Experten: Guru Jay Conrad Levinson und Thorsten Schulte, Betreiber des guerilla-marketing-portal.de und Veranstalter des Guerilla-Marketing-Kongresses in Köln. Die zweite Definition stammt aus einem Weblog von Patrick Breitenbach. Geringes Budget kommt dabei nicht mehr vor, da heutzutage Guerilla Marketing auch von großen Unternehmen mit großen Budgets betrieben wird.

/// Geschichte Guerilla Marketing

Der Begriff Guerilla kommt aus dem Spanischen und steht für bewaffnete Banden, die Kleinkrieg führen. Der militärische Ursprung des Guerilla Marketings ist heute nur noch in einem übertragenen Sinne spürbar.

1808–1814 Entstehung des Begriffs „Guerilla" im Kampf der Spanier gegen Napoleon.

es gibt 2.350.000 google-hits zum schlagwort guerilla marketing

1960 Che Guevera prägt den Begriff der Guerilla-Taktik, mit welcher der Feind durch den Einsatz von Überraschungseffekten besiegt wird.

1965 Geburtsstunde des Guerilla Marketings. Guerilla Marketing wird als „Anti Marketing", welches der Konkurrenz schadet, verstanden.

1983 Das erste Buch von Guerilla-Marketing-Pionier Jay Conrad Levinson erscheint.

1986 Die bekannten Marketingstrategen Al Ries und Jack Trout sehen im Guerilla Marketing besonders für kleine und mittlere Unternehmen hohes Erfolgspotenzial und stellen die drei Hauptprinzipien des Guerilla Marketings auf: Marktnische finden, schlanke Organisationsstruktur und hohe Flexibilität schaffen.

1990 Der Begriff „Ambient Media" wird in Großbritannien geprägt und stellt für das Guerilla Marketing das größte Betätigungsfeld dar. Ambient Media bezeichnet alle Marketingaktivitäten im Out-of-Home-Bereich.

1996 Guerilla Marketing hält Einzug im Internet und findet unter dem Begriff „Viral Marketing" Verbreitung. Es handelt sich um Informationen, die sich „schnell wie ein Virus" durch Maus-zu-Maus-Propaganda verbreiten.

ambuzzador buzz-marketing-agentur in wien ambuzzador.at

2000 Der Begriff „Buzz Marketing" wird vom US-Amerikaner Mark Hughes ins Leben gerufen. „buzz" bedeutet „Gerede" und bezeichnet Marketingaktivitäten, bei denen die Mund-zu-Mund-Propaganda eine zentrale Rolle spielt.

2001 bis heute Bei der Entwicklung des Guerilla Marketings bis einschließlich heute lässt sich beobachten, dass der Überraschungseffekt immer stärker zum Einsatz kommt und so eine wichtige Ergänzung der bisherigen Aspekte in der Definition des Guerilla Marketings darstellt. Zudem haben sich Internet und mobile Endgeräte als neue Betätigungsmedien für Guerilla-Marketing-Aktionen erwiesen.

/// Guerilla Marketing vs. klassisches Marketing

Guerilla Marketing will konventionelle Ziele mit unkonventionellen Mitteln erreichen und kann vom klassischen Marketing unter anderem in folgenden Punkten abgegrenzt werden:

Beim Guerilla Marketing wird in erster Linie nicht Geld, sondern Zeit, Energie und Kreativität investiert

Das Anwenden innovativer Medien und Technologien, insbesondere des Internets und der mobilen Telekommunikation (z. B. Location-based Services), werden verstärkt im Guerilla Marketing eingesetzt

Guerilla Marketing richtet sich an das Individuum selbst bzw. an klar definierte Nischen und nicht an ganze Märkte

Guerilla-Marketing-Aktivitäten leben von Neuheit und können deshalb lokal nicht wiederholt werden

Guerilla Marketing taucht dort auf, wo man klassisches Marketing nicht erwarten würde

Guerilla Marketing kann klassisches Marketing ergänzen

> Guerilla Marketing wird i. d. R. nicht als offensichtliches Marketing wahrgenommen und entfaltet seine Wirkung erst zu einem späteren Zeitpunkt

> Guerilla Marketing ist flexibel und kann schneller umgesetzt werden als klassische Kampagnen

> Guerilla Marketing erreicht seine Zielgruppe persönlich und verbreitet sich durch PR und Mund-zu-Mund-Propaganda

>> *vgl. Levinson, Jay Conrad [1. 11. 2000], S. 26*

Im Gegensatz zu klassischem Marketing erfordert Guerilla Marketing eine höhere Risikobereitschaft und den Mut, unbekannte Wege einzuschlagen. Dadurch versucht man, seine Kunden zu „Raving Fans" zu machen. Ein Beispiel kommt von der Autovermietung *Sixt*: Eine Anzeige zeigt Angela Merkel mit dem Text „Lust auf eine neue Frisur?" und daneben das gleiche Foto mit zerzaustem Haar und dem Text „Mieten Sie sich ein Cabrio". Diese Anzeige wurde nur ein einziges Mal geschaltet und löste enorme Mund-zu-Mund-Propaganda aus. Dieses Beispiel zeigt, dass Guerilla Marketing auch in klassischen Medien vorkommen kann. Erich Sixt wurde für seine durchwegs originelle Werbelinie zum Entrepreneur des Jahres 2004 in der Kategorie Dienstleistung gewählt. Leider haben wir keine Bildrechte zur Veröffentlichung erhalten, die Anzeige findet man aber via Google.

/// Grundkonzepte des Guerilla Marketings

Um eine branchenspezifische Guerilla-Marketing-Strategie entwickeln zu können, ist es sinnvoll, außerhalb der „gewöhnlichen" Konzepte zu denken. Dazu ein Beispiel: Es gibt in der Psyche von Menschen und Tieren das „Tunnel-vier-Syndrom", welches die Macht der Gewohnheit verbildlicht. Der Name kommt von einem Experiment mit einer Maus, fünf verschiedenen Tunneln und einem Stück Käse. Die Maus ist konditioniert, den Käse in Tunnel vier zu finden, daher sucht die Maus immer als Erstes im Tunnel vier nach dem Käsestück, auch wenn dieses bereits entfernt oder verlegt wurde. Ähnlich verhält es sich in den meisten Marketingabteilungen, wo man auf die Marketingkonzepte von gestern vertraut und eventuell versucht, seine Mitbewerber zu beobachten und nachzuahmen. Dadurch wird man jedoch bestenfalls genauso gut wie die Konkurrenz, aber keinesfalls besser oder erfolgreicher. Die Macht der Gewohnheit tritt auch bei den meisten Konsumenten in Bezug auf Kaufentscheidungen und bei der Wahrnehmung von Marketingaktivitäten hervor.[4]

Höchstes Ziel des Guerilla Marketings ist es, diese Gewohnheit zu durchbrechen und sich mit einem 360-Grad-Blick nach völlig neuen Konzepten umzuse-

---

[4] vgl. Kreuz, Peter [11.3.2005], Vortrag 2. Guerilla Marketing Kongress Köln

hen. Dieser Vorgang wird auch „out of the box thinking"
genannt und in drei Kategorien eingeteilt, auf die nachfolgend eingegangen wird. [5]

PRODUKT BLEIBT GLEICH /
NEUE ZIELGRUPPE

Ein Beispiel für diesen Ansatz stellt die Firma *LEGO* dar,
die Spielzeug für Kinder herstellt. Aufgrund der sinkenden
Absätze durch alternatives Spielzeug, Computerspiele etc.
war das Unternehmen gezwungen, sich etwas einfallen zu
lassen. Nun macht *LEGO* die größten Umsätze mit Um-
strukturierungsseminaren in großen Unternehmen. Unter
dem Namen „*LEGO* Serious Play" (www.seriousplay.com)
werden Mitarbeiter aus der Managementebene aufgefordert, ihr Unternehmen mit Legosteinen neu zu strukturie-
ren. Anwendungsgebiete sind unter anderem strategische
Planung, Projektmanagement und die Zusammenstellung
neuer Teams. Dabei wird Kreativität gefördert und freige-
setzt. Neue Strukturen und Lösungsansätze können gefunden werden.

Ein weiteres Beispiel kommt aus den USA – hier hat eine Baumarktkette Frauen als neue Zielgruppe erkannt und
stellt frauenfreundliches Werkzeug her, wobei das Design
der Zielgruppe angepasst wird – und das mit großem Erfolg.
Das Unternehmen veranstaltete „Werkzeugpartys", um bei
Frauen Ideen zum Heimwerken zu wecken und ihnen den
richtigen Umgang mit den Geräten näherzubringen.

---

[5] vgl. Kreuz, Peter / Förster, Anja (2005)

Die österreichische Baumarktkette *bauMax* bietet Heimwerkerkurse in Zusammenarbeit mit dem *Kurszentrum für Handwerk, Kunst & Garten* (www.heimwerkerei.at) an. In manchen Bereichen werden auch Spezialkurse für Frauen angeboten.

NEUES PRODUKT /
ZIELGRUPPE BLEIBT GLEICH

Peter Lewis verwirklichte mit seiner *Progressive Insurance* (www.progressive.com) ein neuartiges Konzept. Nach einem Autounfall wird der Kunde/Unfallbeteiligte von einem Minivan abgeholt und bekommt Kaffee und Kuchen serviert, während sich die Mitarbeiter um den Papierkram kümmern und gleich am Unfallort neue Kunden anwerben. Außerdem bekommt man für den Zeitraum der Reparatur einen Ersatzwagen zur Verfügung gestellt.

Ein ähnlicher Ansatz in Europa kommt von der *Allianz Versicherung*, die einen Haus- und Wohnungsschutzbrief anbietet. Egal ob man sich ausgesperrt, den Wohnungsschlüssel verloren hat oder ob die Toilette verstopft ist, organisiert das Versicherungsunternehmen die benötigten Handwerker oder Dienstleister.

NEUES PRODUKT / NEUE ZIELGRUPPE

Das US-amerikanische Unternehmen *Arm & Hammer* war einst Hersteller von klassischem Backpulver. Da immer weniger Menschen selbst backen, hatte das Produkt keine Zukunftschancen zu erwarten. Deswegen hat man sich im Unternehmen überlegt, was man noch mit Backpulver machen kann. Backpulver kann weitaus mehr als „nur Zutat fürs Kuchenbacken" zu sein. Es ist ein natürliches Reinigungsmittel und desinfiziert sogar Gerüche. Heute ist *Arm & Hammer* führender Hersteller von Haushaltsreinigern, Körperpflege- und Reinigungsmitteln, Zahnpasten, Geruchskillern und natürlich auch weiterhin für Backpulver zum Kuchenbacken. Nach dem Motto „Es gibt keine stagnierenden Märkte, sondern nur stagnierende Manager" hat *Arm & Hammer* vollkommen neue Märkte geschaffen – und das mit großem Erfolg.

Einen vielversprechenden Ansatz für neue Produktangebote für eine neue Zielgruppe bietet der Branchenmix: In den USA wurde zum Beispiel ein Anwaltsbüro in ein Kaffeehaus integriert, um die bei vielen Konsumenten vorhandene Hemmschwelle (durch die oftmals hohen Honorare) zu durchbrechen, einen Anwalt aufzusuchen. Hier kann man sich bei einem Kaffee kostenlos beraten lassen. Wer eine bestimmte juristische Leistung in Anspruch nehmen will, informiert sich mittels einer „Speisekarte" über Angebot und Preis.

In Köln wiederum wurde ein Waschsalon in ein Kaffeehaus integriert und gilt mittlerweile als Trendlokal. In New York gibt es das *Library Hotel* (www.libraryhotel.com). Wie der Name schon vermuten lässt, handelt es sich hier um eine Bücherei, die mit einem Hotel zusammengelegt ist.

/// Anwendungsbereiche im Guerilla Marketing

Guerilla Marketing wird zu 70 % in der Marketing-Kommunikation angewendet. Die verbleibenden 30 % teilen sich gleichmäßig über den restlichen Marketingmix wie Preis, Produkt und Distribution auf. [6] Bevor die einzelnen Ansätze vorgestellt werden, wird das Guerilla Marketing in seine Anwendungsbereiche unterteilt: [7]

KLASSISCHES GUERILLA MARKETING

Zum klassischen Guerilla Marketing zählt man den „guerillamäßigen" Einsatz der gängigen Kommunikationsinstrumente, wie Werbung, Verkaufsförderung, Direktmarketing, Öffentlichkeitsarbeit und Veranstaltungen. Aber auch taktische Guerilla-Marketing-Aktionen im Bereich des Ambient Media oder des Sensation Marketings zählen zum klassischen Guerilla Marketing.

ONLINE GUERILLA MARKETING

Die Instrumente des Online Guerilla Marketings beschränken sich auf alle Maßnahmen, die mit dem Medium Internet zu tun haben, wie die Optimierung von Webseiten, Suchmaschinenmarketing, Affiliate Marketing oder virales Marketing. An dieser Stelle sei auf die

---

[6] vgl. Schulte, Thorsten / Pradel, Marcus (2004), S. 25
[7] vgl. Schulte, Thorsten / Pradel, Marcus (2004), S. 27ff

Website www.milliondollarhomepage.com verwiesen. Hier hat ein Student eine Million Pixel seiner Website um je einen Dollar verkauft. Ein erfolgreiches Beispiel von Online Guerilla Marketing.

STRATEGISCHES GUERILLA MARKETING

Beim strategischen Guerilla Marketing dreht sich alles um die drei Kernkomponenten Markt, Marke und Mitarbeiter, welche zum Erstellen eines mittel- bis langfristigen Guerilla-Marketing-Plans benötigt werden. Etwas genauer betrachtet, können folgende Aufgaben des strategischen Guerilla Marketings unterschieden werden:

Formulierung von Unternehmenszielen und Visionen (z.B. ob man um jeden Preis wachsen will oder lieber im eigenen Nischenmarkt flexibel bleiben möchte)

Aufbau von Netzwerken (Nutzung von Spezialkenntnissen durch Kooperationen mit anderen Firmen, Lieferanten oder sogar mit der Konkurrenz)

Erfolgsfaktor Mitarbeiter (der Mitarbeiter ist Ideengeber und ausführende Kraft und sollte sich mit dem Unternehmen identifizieren können, um aufgrund reduzierter Krankenstände und geringer Fluktuation wirtschaftliche Vorteile zu generieren) Definition einer Marktnische

Ausnutzen von Globalisierungsvorteilen (die Produkte und Dienstleistungen sollten den Kunden verfügbar gemacht werden, wo immer sie auch sind)

Der Kunde sollte als Partner gesehen werden (Ziel der gegenseitigen Abhängigkeit)

Guerilla-Marktforschung und Konkurrenzanalyse

Kundenbindung und Kundenzufriedenheit

Durch Innovationen Wettbewerbsvorteile schaffen

/// Ansätze im Guerilla Marketing

AFFILIATE MARKETING
Affiliate Marketing ist ein Vertriebskonzept für das Internet, bei dem das Geschäft zwischen eigentlichem Anbieter und Endkunden durch einen Vermittler (Affiliate) entsteht. Der Affiliate bietet auf seiner Website zum Beispiel ein Produkt an, welches eigentlich über *Amazon* vertrieben wird, und erhält für jeden Verkauf eine Provision. Der User muss dabei oft nicht einmal die ursprüngliche Website verlassen. Diese Online-Vertriebskanäle werden dafür genützt, um zusätzliche Zielgruppen zu erreichen.

AMBIENT MEDIA
Für Guerilla-Marketing-Aktivitäten stellt Ambient Media das bei weitem größte Betätigungsfeld dar, mit dem Ziel, eine kompetente und direkte Zielgruppenansprache im jeweiligen Lebensumfeld anzubieten. Der Begriff „Ambient Media" wurde in Großbritannien geprägt. Er beschrieb zunächst den stark wachsenden Sektor von neuen, nicht klassischen Formen der Außenwerbung. Zu Ambient Media gehört aber auch Printwerbung auf Taxitüren, Straßenbahnen, auf Toiletten oder auch Citycards. Typisch sind Maßnahmen, bei denen für Werbung ungewöhnliche Gegenstände im Out-of-Home-Bereich für eine Kampagne adaptiert werden (z. B. Kanaldeckel,

Mistkübel, Aufzüge, Haltegriffe, Rolltreppen, Urinale). Besonders gut eignet sich Ambient Media für Zielgruppen im Alter von 11 bis 29 zur Erstansprache und beim Aufbau neuer Marken. Häufig sind Ambient-Media-Aktionen mit einem „shocking" Effekt verbunden, um die nötige Aufmerksamkeit bei Konsumenten und Medien zu erzeugen.

Der Erfolgsschlüssel jeder Ambient-Media-Aktion ist die genaue Kenntnis der Szene. Anstelle von homogenen Jugendszenen findet man heute eine Vielzahl von Sub- und Teilszenen. Es ist durchaus denkbar, einen „Skater" mit einer negativen Einstellung zur Gesellschaftsordnung zu finden, der aber eine Vorliebe für klassische Wagner-Opern und Optionsscheine hat. Die Fragen „WAS zündet in der Zielgruppe?", „WO trifft sich die Zielgruppe?" und „WELCHE Medien sind im Umfeld der Zielgruppe verfügbar?" stehen im Mittelpunkt der Szenekompetenz. Eine Werbekampagne für ein studentisches Produkt mit der Kernzielgruppe „Frauen und Mädchen" kann ihre Wirkung zum Beispiel auf den Damentoiletten einer Universität ohne Streuverluste erreichen. Um in der Subszene weitreichend auf Akzeptanz zu stoßen, müssen die Idee und das Konzept der Kampagne als Unterhaltung bzw. „Advertainment" ausgerichtet sein.

Ambient Media eignet sich auch dafür, eine „klassische Werbekampagne" zu ergänzen. Untersuchungen zeigen, dass die „Campaign Awareness" (ungestützter Erinnerungswert) einer Werbekampagne zur Einführung einer

leoburnett.de
creativeguerrilla-
marketing.com/

Premium-Marke aus dem Lebensmittelbereich mit Ambient Media 32 % höher war als ohne. Außerdem konnte eine Steigerung der Werbeakzeptanz (wie gefällt dem Konsumenten die Werbung) um 15 % durch den Einsatz von Ambient Media erreicht werden. [8]

Ambient-Media-Aktionen können sich aber auch am Rande der Legalität bewegen. Zum Beispiel hat ein Konkurrent bei der Eröffnung des ersten *Burger Kings* in Wien eine Gruppe „Hare Krishnas" angeheuert, die vor dem Lokal gegen das Rinderschlachten demonstriert haben.

Die US-amerikanische Werbeagentur *GoGorilla* hat Geldscheine als Werbefläche verwendet. Mit leicht ablösbaren Stickern wurde in den Vereinigten Staaten für Kinofilme geworben. – Ein gewagtes Projekt am Rande der Legalität.

„Banksy" ist ein britischer Graffitikünstler, dem es gelungen ist, durch seinen ausgefallenen Aktionismus weltweite Bekanntheit zu erlangen. Zum Beispiel hat der Künstler im Brooklyn Museum New York ein selbst mitgebrachtes Kunstwerk einfach neben die anderen Werke gehängt. Seine Statements sind gesellschaftskritisch und sollen die Menschen zum Nachdenken anregen.

Der Kreativität sind keine Grenzen gesetzt. Einige Mitarbeiter der österreichischen Tageszeitung *Der Standard* haben sich spontan dazu entschlossen, sämtliche Wege, die zum Büro führten, mit Komparsen zu verstellen, die auffällig den *Standard* lasen. Diverse Chef-

buchtipp >> publicidad de guerrilla: otras formas de comunicar. michael dorrian / gavin lucas, gg verlag barcelona, ISBN 84-252-2098-X

[8] vgl. Wehleit, Kolja (2003), S. 13–42

36

redakteure und Mitarbeiter wussten nichts von der Aktion und waren im Nachhinein von der Wirkung positiv überrascht und in weiterer Folge für andere Guerilla-Projekte offener.

Besonders interessant ist Ambient Media für Branchen, die mit Werbeverboten konfrontiert sind (v. a. Alkohol- und Tabakindustrie), da man hier oft rechtliche Grauzonen ausnützen kann. Der schwedische Wodkahersteller *Absolut Vodka* arbeitet zum Beispiel schon sehr lange mit Ambient Media. Die Möglichkeiten werden jedoch wegen der immer strenger werdenden Gesetze immer geringer.

Auch politische Parteien haben Ambient Media als interessante Marketingform entdeckt. Gerade im Wahlkampf kann man dem „gelangweilten Bürger" Aufmerksamkeit entlocken. Die Grünen haben zum Beispiel in Wien 20 rosa angemalte Schafe vor die ÖVP-Zentrale getrieben, um Aufsehen für die Gleichstellung von Homosexuellen zu erregen. Diese Aktion wurde von zahlreichen Medien begleitet. Die SPÖ verteilte wiederum im Wahlkampf gebrandete Äpfel an stark frequentierten Kreuzungen.

Weitere Beispiele zu Ambient Media finden sich auf den Bildseiten 145–160.

Folgende konzeptionelle Ansätze wurden aus erfolgreichen Ambient-Media-Kampagnen abgeleitet und können bei der Umsetzung eigener Projekte hilfreich sein:[9]

[9] vgl. Wehleit, Kolja (2003), S. 44–46

1. „Owning an Epicenter" (Epizentren besetzen)
2. „Tracking the Consumer" (die Fährte des Konsumenten verfolgen)
3. „Social Currency – Dealing for Attention" (punktuell Aufmerksamkeit erregen)

Ad 1. Als Epizentrum sollte ein passender öffentlicher Platz ausgesucht werden, den man möglichst umfassend für Kampagnenzwecke umgestaltet, wie zum Beispiel eine U-Bahn-Station. In vielen Fällen ist es sinnvoll, die Aktion eine längere Zeit laufen zu lassen und so viele Medien wie möglich innerhalb des Epizentrums zu belegen, beispielsweise Entwerter, Mistkübel, Züge, Ticketautomaten, Sitzbänke usw. – Durch diese Maßnahmen kann eine hohe Frequenz erzielt und die Zielgruppe wiederholt und intensiv angesprochen werden. Manchmal kann dadurch das Erscheinungsbild eines globalen, international agierenden Unternehmens vermittelt werden.

Ad 2. Optimal ist es, dem Konsumenten auf seinem weiteren Weg zu folgen und ihn immer wieder mit Impulsen der Kampagne zu konfrontieren. Nehmen wir als Beispiel eine Zielgruppe, die viel verreist und von der U-Bahn-Station in Punkt eins zum Flughafen fährt, so könnte man die Ambient-Media-Kampagne auf den Flughafenzug und den Flughafen selbst, ja sogar bis hin zum Flugzeug ausweiten. Sämtliche Verbindungswege zwischen der Innenstadt und dem Terminal könnten gebrandet werden (z. B. Gepäckswagen, Parkplätze, Taxis,

Business Lounges, Lunchtabletts, die Terminals …). Die (Geschäfts-)Reisenden sollen in die Kampagnenaussage „eingehüllt" werden.

Ad 3. Zusätzlich kann man durch punktuell eingesetzte Aktionen die Erinnerung an die Marke verstärken und ein positives Image hinterlassen. Als Maßnahme hierfür können Flyer dienen, die an den Abfahrtspunkten von und zum Flughafen mit detaillierten Informationen verteilt werden. Der Flyer könnte gleichzeitig auch ein Upgrade des normalen Zugtickets zu einer Fahrkarte für die erste Klasse sein.

AMBUSH MARKETING [10]

Ambush Marketing ist eine Form des durch „Hinterhalt" (engl. ambush) erzielten kostenlosen Sponsorings von Veranstaltungen und Events. Es wird auch als Trittbrettfahrer- oder Schmarotzermarketing bezeichnet. Dabei wird versucht, das eigene Unternehmen oder Produkt im Rahmen von Großveranstaltungen zu präsentieren oder die offiziellen Sponsoringaktivitäten eines Mitbewerbers zu schwächen. Dies kann durch Schleichwerbung bei Fernsehinterviews, Logoplacement auf T-Shirts, welche im Hintergrund bei TV-Übertragungen zu sehen sind, das Aufstellen von Transparenten etc. erreicht werden. Viele Ambush-Marketing-Aktionen sind heutzutage völlig legal.

---

[10] vgl. Schulte, Thorsten / Pradel, Marcus (2004), S. 77, S. 92

Bei den Olympischen Spielen 1996 in Atlanta trug der Top-Sprinter Linford Christie im Zuge einer Pressekonferenz Kontaktlinsen mit dem *Puma*-Logo. Fotos davon wurden in zahlreichen Zeitschriften abgedruckt. So wurde für *Puma* eine weitaus größere Aufmerksamkeit erreicht, als man es mit teurer klassischer Werbung realisieren hätte können.

Das Wiener Designerduo *Radić & Morger* machte sich das Aufgebot internationaler Einkäufer und Modejournalisten der Pariser *fashion week* im Jänner 2008 zunutze und inszenierte einen spektakulären Stunt vor den Haute-Couture-Shows von *Chanel*, *Dior* und *Givenchy*. Zwei Models fuhren mit einem gebrandeten Motorrad vor die Locations der Shows, wo die Modewelt in der Schlange stand und auf den Einlass wartete. Dabei ließen die Protagonisten einen gebrandeten Schal im Wind wehen und rekelten sich akrobatisch auf dem Motorrad. Der dabei entstandene Kurzfilm „High Noon" wurde Designern wie Raf Simons, Haider Ackermann und ausgewählten Journalisten im Centre culturel suisse im Zuge einer weiteren Performance präsentiert. Das Label wurde sofort zum Stadtgespräch. Es folgten Einladungen zur *departure fashion night 2008* in Wien, einer Filmpräsentation bei der *design annual*-Messe 2008 in Frankfurt und zu einem Vortrag bei der *VITRINE 2008* in Antwerpen. Außerdem berichteten österreichische, belgische, deutsche, ja sogar japanische Medien über die Aktion.

>> *Stunt vor den Modeschauen der fashion week Paris 2008 von „Radić & Morger"*

Das *MuseumsQuartier* Wien hat auf einer internationalen Kunstmesse praktische und sehr auffällige Plastiktüten mit dem *MQ*-Logo an die Besucher verteilt; eine gelungene Präsenz für wenig Geld. Auch hier profitierte man von der hohen Frequenz der richtigen Zielgruppe.

eventreport.de sjaustria.com

Ein weiteres Beispiel kommt von der ehemaligen Hamburger Agentur *Springer & Jacoby*. Der Frischkäse *Bressot* wurde unter dem Motto „Bressot geht immer" Prominenten in diversen Live-Sendungen als „*Bressot-Baguette*" angeboten. So tauchte der Frischkäse unter anderem bei Stefan Raab, Tobi Schlegl, Gerhard Schröder oder Mola Adebisi auf und sorgte für Verwirrung. Parallel dazu saßen Zuschauer mit gebrandeten T-Shirts im Publikum.

Eine interessante Frage in diesem Zusammenhang ist, welche der beiden Strategien, Sponsoring oder Ambush

Marketing, beim Konsumenten die größere Wirkung erzielte. Dazu hat die Professur Marketing und Handelsbetriebslehre der TU Chemnitz 2004 in der Zeit der Fußball-Europameisterschaft sowie der Olympischen Sommerspiele Befragungen durchgeführt. Das Resümee: Große Sponsoren wie *adidas* oder *Coca-Cola*, die auch direkt mit Sport zu tun haben, schneiden grundsätzlich am besten ab, wenn durch begleitende Werbemaßnahmen auf das offizielle Sponsoring hingewiesen wird. Die Aufmerksamkeit, die durch Ambush Marketing von Unternehmen erzielt wird, welche wiederum zum Event passen (z. B. *Puma*), ist jedoch größer als „schlecht" präsentiertes offizielles Sponsoring. Wobei auch die Kosten von Ambush Marketing im Vergleich zum Sponsoring sehr viel geringer sind. Die gesamte Studie kann unter www.eventreport.de bestellt werden.

BELOW-THE-LINE-MARKETING
„Below the Line" ist ein weiteres Synonym für unkonventionelles Marketing.

BLOGS & SOZIALE NETZWERKE
blogger.com Blogs sind periodisch aktualisierte Websites, die Informationen zu einem bestimmten Thema in chronologischer Reihenfolge enthalten. Da die Beiträge untereinander und mit anderen Websites verlinkt sind, werden sie in Suchmaschinen wie Google, welche die Wichtigkeit einer Site anhand der Zahl der Hyperlinks ermitteln, auf den Trefferlisten prominent platziert. Blogs

sind eine ernstzunehmende Kommunikationsform mit erheblicher Sprengkraft und Bedeutung im Marketing. Zum Beispiel wurde über die Blogsite „spreeblick.de" der Klingeltonanbieter *Jamba* durch einen Bericht über deren Geschäftspraktiken mit negativer Publicity behaftet. Hierauf setzte eine lawinenartige Verbreitung über Mund-zu-Mund-Propaganda, TV (*ZDF, Sat.1*) und Internet ein. Das Image von *Jamba* war dadurch stark angekratzt. Genauso ernst zu nehmen sind soziale Netzwerke wie Facebook, Twitter, MySpace, YouTube, Tumblr, Flickr, Google+, Blogger, Xing, Skype etc. – bestens geeignet, um eine unkonventionelle Marketing-Aktion zu verbreiten oder im Netzwerk selbst mit einer Marketing-Idee aktiv zu werden.

BUZZ MARKETING

Der US-Amerikaner Mark Hughes prägte diesen Begriff. Ihm gelang es, den amerikanischen Ort *Halfway* in *Half.com* umzubenennen und so die Bekanntheit für das Internet-Startup *Half.com* (heute: *eBay*) schlagartig zu erhöhen. Das wesentliche Merkmal des Buzz Marketings ist die Mund-zu-Mund-Propaganda, die durch ein faszinierendes Ereignis ausgelöst wird.

Anlässlich der 50.000 Fans auf der Facebook-Seite von *Austrian Airlines* realisierte die Buzz-Marketing-Agentur *ambuzzador* eine Kampagne, bei der Reisende ihr erstes kostenloses Urlaubsfoto in einem Fotoautomaten auf dem Flughafen Wien-Schwechat machen konnten, dem sogenannten „Smile Maker". Neben dem Fotostreifen

blog & social network related links >>
facebook.com
soup.io
tumblr.com
plus.google.com
flickr.com
youtube.com
myspace.com
lastfm.com
skype.com
plazes.com
hypediss.com
fliptheflop.com
xing.com
twitter.com
play.fm

buchtipp >>
facebook –
marketing unter freunden dialog statt plumpe werbung businessvillage verlag 2011

buzz marketing >>
buzzmarketingwith blogs.com
buzzmarketing.com
ambuzzador.com

als Erinnerungsstück konnte man außerdem an einem Gewinnspiel teilnehmen. Zur idealen Verschränkung von off- und online wurden die Bilder auf Wunsch auch automatisch auf Facebook und Flickr gestreamt. Die entstandenen Fotos können so von den Daheimgebliebenen angesehen und geliked werden. Die Zahlen sprechen für den Erfolg des Fotoautomaten: Rund 6.000 Fotos wurden in den ersten beiden Monaten im Smile Maker gemacht, über 3.000 Fotos wurden auf Facebook und Flickr geteilt.

CAMPAIGN HIJACKING

Hier wird eine fremde (Guerilla-)Marketing-Aktion „entführt" und für eigene Zwecke missbraucht. Zum Kinostart des Spielfilms „Godzilla" parkte der britische Filmverleih völlig zerquetschte Autos, in Dinosaurier-Schrittweite voneinander entfernt, rechts und links entlang einer Londoner Straße. Drei Stunden später hatte sich bereits ein Versicherungsunternehmen auf die Aktion „gesetzt": Neben den Wracks standen plötzlich Klappschilder mit dem Slogan: „Wir versichern alles".

Ein weiteres Beispiel kommt vom Kaugummi-Hersteller *Hubba Bubba* aus dem Jahr 2009. Dabei wurde auf passenden Plakatwerbungen den darauf abgebildeten Personen ein rosaroter *Hubba Bubba*-Luftballon über den Mund geklebt, sodass es aussah, als würden die Personen gerade eine Kaugummiblase machen. Unter den „entführten" Plakaten waren auch Sujets vom Unterwäsche-Hersteller *Triumph*.

GRASWURZEL-MARKETING

Dieser Ansatz kommt ursprünglich aus den USA und wird dort vor allem im politischen Wahlkampf eingesetzt. Dabei werden Werbebotschaften in einer klar definierten und affinen Zielgruppe „gepflanzt" (Seeding). Dieser Vorgang kann auf unterschiedlichsten Wegen erfolgen (z. B. via Mail, Social Networks, Blogs, bei Events). Die Kunst besteht in der Ansprache von Trendsettern bzw. Multiplikatoren. Und das zur richtigen Zeit am richtigen Ort.

GUERILLA ADVERTISING

Guerilla Marketing kommt auch in Form von klassischer Werbung vor. Man kann beispielsweise mithilfe von versteckten Elementen, die nur eine bestimmte Subkultur versteht, mehrere kulturelle Gruppierungen gleichzeitig bewerben und dadurch einen überdurchschnittlich hohen Werbeerfolg erzielen.

Ein Beispiel soll diesen Ansatz verdeutlichen: In einem *SUBARU*-TV-Spot aus den USA werden Autos mit dem Nummernschild „XENA LVR" gezeigt. „XENA LVR" steht für die Figur „XENA – Warrior Princess" aus einer TV-Serie, die ein Idol in der Lesbenszene ist. Außerdem befindet sich der Schriftzug „P-Townie" auf dem Nummernschild, als Hinweis auf Princesstown, ein schwules Ferienparadies. Dazu kommt der Slogan „Different drivers. Different roads". Das Nummernschild ist also das versteckte Element, welches Homosexuelle auf Anhieb verstehen. Die Wirkung der Werbung wird bei dieser Subkultur verstärkt, wobei die „Mainstreamgruppe" das versteckte Element nicht versteht. Oft sind solche Marketingkonzepte mit subkulturellen Codes jedoch nicht einfach zu realisieren und können auch völlig „danebengehen". Die Hauptprobleme dabei sind, dass die Grenzen zwischen den einzelnen Subkulturen schwammig sind und dass die „Ideale" der einzelnen Gruppierungen variieren.

Professor Lürzer von der Universität für angewandte Kunst in Wien hat sich auf die Sammlung und Analyse von unkonventioneller Print- und TV-Werbung spezialisiert. In seinem Magazin *Lürzer's Archiv* präsentiert er unzählige Beispiele internationaler Guerilla-Werbung.

GUERILLA ATTACK

Unter Guerilla Attack versteht man kleine, unmittelbare Angriffe auf verschiedenen Gebieten eines Konkurrenten. Dabei kommen sowohl konventionelle als auch unkonventionelle „Waffen" zum Einsatz. Dies können selektive Preisnachlässe, intensive regionale Promotion, aber auch virales Marketing sein. Wichtig ist, dass dabei mehrere eigenständige Abteilungen des Gegners gleichzeitig angegriffen werden oder auch ungenutztes Marktpotenzial des Gegners zum eigenen Vorteil verwendet wird.

GUERILLA DISTRIBUTION

Guerilla Distribution bezeichnet unkonventionelles Vertriebsmarketing. Ein Beispiel dafür war die Sonderzustellung des „Harry Potter"-Buchs „Harry Potter und der Orden des Phönix" zur Geisterstunde (um Mitternacht) von der *Österreichischen Post AG* an Kunden, die das Buch vorbestellt haben. Dazu gab es eine „Potterparty" auf dem Wiener Westbahnhof, bei der Fans die Züge mit den druckfrischen Exemplaren erwarteten. Von hier aus wurden die Bücher dann in Begleitung von Fernsehteams ausgeliefert. Diese Aktion brachte dem Verlag, der Post und der Marke „Potter" umfassende PR.

GUERILLA MOBILE

Mit innovativen Übertragungstechnologien und immer leistungsfähigeren Endgeräten erobert das mobile Marketing einen wachsenden Multimedia-Markt. Zum Einsatz kommen SMS, MMS, Videobotschaften, aber auch „APPs" (Anwendungen für Smartphones) oder speziell für Telefone entworfene Websites. Der Vorteil liegt in der kundennahen und sehr persönlichen Kommunikation.

Smartphones übernehmen heute untypische Handyfunktionen wie Fernbedienung, Wohnungsschlüssel, Kinoticket oder Bahnfahrkarte und werden verstärkt für den E-Mail-Verkehr sowie mobiles Internet verwendet. Daraus ergeben sich laufend neue Möglichkeiten für das Guerilla Mobile Marketing.

„Location-based Services" ermöglichen eine ortsbezogene Ansprache eines potenziellen Kunden mit einer Werbebotschaft. Je nach Technik kann die Position einer Person bis zu einer Genauigkeit von drei Metern bestimmt werden. Ein großer Vorteil beim Anwenden dieses Tools aus Marketingsicht liegt darin, dass man leicht überprüfen kann, welcher Benutzer wie auf eine Werbebotschaft reagiert. Natürlich gibt es oft datenschutzrechtliche Probleme. Außerdem muss man mit dem Einsatz von mobilen Marketingaktivitäten sehr vorsichtig sein, da Spam besonders hier zu starker Belästigung und negativer Auswirkung führen kann (man muss die Werbebotschaft zuerst lesen, bevor sie gelöscht werden kann). [11]

GUERILLA PR (PUBLIC RELATIONS / ÖFFENTLICHKEITSARBEIT)

„Public Relations ist das geplante und fortdauernde Bemühen, gegenseitiges Verständnis zwischen Organisationen und ihrer Öffentlichkeit herzustellen und zu erhalten." [12]

Unter Öffentlichkeit werden in diesem Zusammenhang Kunden, Lieferanten, Aktionäre, Angestellte und vor allem die Medien verstanden. Guerilla-PR ist eine Kommunikationsform, die auf Überraschungseffekte und taktische Flexibilität aufbaut und durch unkonventionelle PR-Ideen kostenlose Kommunikationseffekte generiert. Darüber hinaus sind Lobbying (Dialog zwischen Unternehmen und der Regierung z. B. bei der Vorbereitung neuer Gesetze), Sponsoring, Unternehmenswerbung (nicht zu verwechseln mit Produktwerbung), Krisen-

---

[11] vgl. Schulte, Thorsten / Pradel, Marcus (2004), S. 77
[12] vgl. Fill, Chris (2001), S. 426 / Definition nach dem britischen Institute of Public Relations

management (das frühzeitige Erkennen und der Umgang mit allen Arten von Krisen; z. B. Naturkatastrophen, Arbeitsunfällen, Produktmängeln …) und Beziehungen zu Investoren Teilbereiche der Guerilla-PR.

Eine weitere Möglichkeit stellen zielgerichtete Pressemitteilungen an jene Medien dar, die auch wirklich von der Zielgruppe konsumiert werden. Dabei gilt es übliche Regeln zu brechen: animierte E-Mails, besonders auffallende Einladungen zu Presseevents/Pressekonferenzen.

Die Presseaussendung kann aber auch Journalisten auf eine Guerilla-Marketing-Aktion aufmerksam machen, um damit die Reichweite dieser Aktion zu erhöhen.

Die *Österreichische Post AG* präsentierte im Rahmen des Life Balls 2005 eine Sonderbriefmarke mit einem Foto vom internationalen Topmodel Heidi Klum (unter dem Motto: „Heidi zum Ablecken"). Der Reinerlös dieser Briefmarke ging an ein vom *Life Ball* koordiniertes Aids-Hilfe-Projekt und räumte damit der *Österreichischen Post* und Heidi Klum gute Presse ein.

Die *Österreichische Post* bietet übrigens jedem Kunden die Möglichkeit, ab einer Mindestmenge von 200 Stück seine eigene, individuelle Marke zu gestalten; eine gute Möglichkeit für jedes Unternehmen, bei seinen Kunden aufzufallen, wobei gleichzeitig ein PR-Effekt für die Post erzielt wird.

Es besteht außerdem die Möglichkeit, über das Internet (also auch über Smartphones) Postkarten mit eigenen Motiven und persönlichem Text zu verschicken und das pauschal für 1,99 Euro.

Die unter dem Punkt „Guerilla Distribution" erwähnte „Harry Potter"-Aktion stellt ebenso eine unkonventionelle und erfolgreiche PR-Aktion dar.

Die erfolgreichsten Guerilla-PR-Aktionen kommen durch das Zusammenwirken mehrerer Faktoren zustande. Anfang der 90er Jahre wollte sich *Colgate-Palmolive* mit dem Flüssighaushaltsreiniger „Ajax" gegen seinen stärksten Konkurrenten *Procter & Gamble* durchsetzen und startete eine Werbekampagne zur Veränderung der Wahrnehmung der Tätigkeit des Putzens. Dabei wurde dem Konsumenten zuerst die Botschaft vermittelt, dass Frauen beim Putzen Zeit sparen könnten, wenn Männer diese Arbeit übernehmen. Dann folgte eine Reihe von Berichten in der Presse und im Rundfunk, die das durch diese Kampagnen geschaffene Interesse nutzten. [13]

Das deutsche Unternehmen *Alpenland*, welches einen mobilen Aktenvernichtungsdienst betreibt, hat mit Guerilla-PR Presseberichte im Wert von mehr als 1,75 Millionen Euro erwirkt. Beispielsweise hat man einer deutschen Bank vorgeschlagen, einen „Datenschutztag" einzurichten, an dem ein mobiler Aktenvernichtungswagen an einem bestimmten Standort kostenlos für die Bankkunden zur Verfügung stand. Die Werbung dafür befand sich unter anderem auf den Bankauszügen der Kunden. So konnte sich *Alpenland* mit dem Image einer vertrauensvollen und angesehenen Bank in Verbindung bringen. Da zum Zeitpunkt dieses Projekts Datenschutz

[13] vgl. Fill, Chris (2001), S. 425–453

Thema in den Medien war, wurde der mediale Effekt noch verstärkt und der Datenschutztag mit regem Interesse von der Presse verfolgt. [14]

Im Zeitraum vom 2. bis 22. April 2005 wurde von *Volkswagen* zur Produkteinführung des „VW Fox" in Kopenhagen eine Guerilla-PR-Aktion gelauncht. Die 61 Zimmer eines alten Hotels in der Innenstadt wurden von 21 internationalen Designern, Grafikern und Künstlern neu gestaltet. Das Hotel wurde in „Hotel Fox" umbenannt. Darüber hinaus wurde der VW Fox selbst zum Kunstobjekt. Die einzelnen Interpretationen der Künstler wurden in einem Showroom ausgestellt. In der Konzeption des „Projekts Fox" war auch das „Fox Restaurant" mit drei Show-Küchen inkludiert. Möglichkeit zum gemeinsamen Gedankenaustausch war im „Fox Club" gegeben, wo internationale DJs den neuen „Fox" musikalisch definierten. Über 800 Journalisten aus der ganzen Welt nahmen an diesem Ereignis teil. Auch die Öffentlichkeit war eingeladen, dieses Crossover von Marketing und Kunst zu bewundern.

Vodafone hatte in London eine große Pressekonferenz angekündigt und 40 Top-Journalisten eingeladen. Als die Pressekonferenz zu Ende war, standen vor der Tür 40 Taxis, die von dem größten Konkurrenten *Hutchison* (Mobilfunkbetreiber *Drei*) bezahlt waren. Die Taxifahrer waren Laiendarsteller, die die Journalisten von den Qualitäten und Vorteilen von *Hutchison* überzeugten.

---

[14] vgl. Müller, Meinrad (2005)

hotelfox.dk

>> *Das Hotel FOX in Kopenhagen entstand im Zuge des „VW Fox"-Launchs*

Auch gesellschaftskritische Aktivisten bedienen sich der Guerilla-PR, um Inhalte zu verbreiten. Die in Wien lebende US-Amerikanerin Ada Orel hat zum Beispiel eine Kampagne ins Leben gerufen, die Kritik an der Bush-Regierung ausübte. Sie ließ T-Shirts mit Bomben-Motiven drucken, dazu der Slogan „Home Delivery Service". – Weiters wurden diverse Postkarten und Zündholzschachteln bedruckt, mit Slogans wie „America's New War Removes Terrorists/Saddam/Whatever Fast". Durch das Verteilen dieser Gimmicks wurde öffentliches und mediales Interesse geweckt.

Ein weiteres Beispiel für Guerilla-PR kommt vom Modelabel *55DSL*. Hier wurde eine sehr außergewöhnliche Stelle ausgeschrieben: Freaks aus aller Welt konnten sich für den „Junior Lucky Bastard" via Video auf der Website www.55dsl.com bewerben. Aufgabe des Junior Lucky Bastards war es, auf Kosten des Unternehmens ein Jahr in der Welt herumzureisen, um über neue Trends

zu berichten. Bereits das Bewerben der Aktion wurde im Ambient Media durchgeführt, wo sich zum Beispiel ein engagiertes Pärchen während einer Vorlesung auf der Uni auf den Vortragstisch legte und sich küsste – ganz im Sinne des *55DSL*-Slogans „Live at least 55 seconds a day". Im Nachhinein wurden Flyer mit der Info, wie man sich für die Stelle bewerben kann, verteilt.

Die Veranstalter der Modemesse *Bread & Butter* („BBB") haben für ihre Mitarbeiter und Kunden eigene Geldscheine, „Brands", drucken lassen, mit denen man auf dem Messegelände und den Afterpartys bezahlen konnte. So etwas bleibt in Erinnerung und sorgt für Gesprächsstoff.

GUERILLA PRICING

Unter Guerilla Pricing versteht man strategische Guerilla-Marketing-Überlegungen, die im Zusammenhang mit preispolitischen Entscheidungen stehen. Die Kaufhauskette *Media Markt* etwa hatte während der Fußball-EM 2004 eine Guerilla-Aktion ins Leben gerufen, bei der alle Konsumenten, die während der EM einen Fernseher kauften, ihr Geld zurückbekommen sollten, falls Deutschland Europameister würde.

Ein weiteres Beispiel kommt vom US-amerikanischen Babywindelmarkt. Der Newcomer *Drypers* versuchte dem unumstrittenen Marktführer *Procter & Gamble* durch eine Billigwindel Marktanteile abzugewinnen. *Procter & Gamble* wehrte sich mit einer massiven und kostspieligen

Promotion: In allen Regionen, in denen *Drypers* sein Produkt eingeführt hatte, gab *Procter & Gamble* Coupons im Wert von zwei US-Dollar aus. Ein gelungener Schachzug von *Drypers* war, diese Coupons auch beim Kauf von *Drypers*-Windeln einlösen zu können.

GUERILLA PRODUCING

Unter Guerilla Producing bezeichnet man ungewöhnliche Marketingstrategien, die im Zusammenhang mit dem Produkt (primär Verpackung und Design) stehen.

Das deutsche Unternehmen *Spreewaldhof* bietet zum Beispiel „Get One!", eine „Spreewälder"-Gurke, in einer trendigen Ringpull-Weißblech-Dose an. Portioniert für die kleine Mahlzeit zwischendurch als Alternative zu süßen Riegeln, Würstchen- und Käsesnacks. Das Produkt ist mittlerweile nicht nur in Deutschland sehr erfolgreich, sondern auch ein Exportschlager.

Die dänische *Faxe* Brauerei wählte für die Markteinführung im deutschen Biermarkt Anfang der 90er Jahre die in Vergessenheit geratene 1-Liter-Dose und erschloss die *Esso*-Tankstellen als Absatzkanal. Dies war eine ausgezeichnete Nischentaktik für den Markteinstieg.

Das dänische Unternehmen *Artcoustic* stellt Lautsprecher her und tarnt diese als Kunstobjekte. Die *Artcoustic*-Lautsprecher sehen nicht nur aus wie Bilderrahmen, sie lassen sich auch mit verschiedenfarbigen Stoffen, Fotos und Kunstdrucken bespannen.

Der US-Amerikaner Michael Parenti hatte die Idee, in Wien ein Musikmagazin namens *Album* herauszugeben.

Das Besondere daran war das Format, das dieselben Abmessungen wie eine traditionelle Schallplatte hatte. Das Magazin wurde aus einem Plattencover herausgezogen.

Das Retro-Konzept von „*adidas* Originals" („every adidas tells a story"), bei dem alte Modelle aus den 60er und 90er Jahren erneut hergestellt werden, stellt einen anderen interessanten Ansatz dar. Die Produkte sind durch eine Geschichte emotionalisiert: Zum Beispiel der Fußballschuh, mit dem sich 1969 die chilenische Nationalmannschaft den Weltmeistertitel holte, wird unter dem Namen „Chile 69" wieder produziert. Dazu wird inklusive T-Shirts und Jacken und der diversen Gimmicks die Ära nochmals erlebbar gemacht.

Ein ähnliches Konzept wurde vom österreichischen Modelabel *Retrofame* verwirklicht. *Retrofame* verkaufte Second-Hand-T-Shirts, die auf der Innenseite neu bedruckt bzw. bestickt waren und somit eine Verbindung aus „Retro-Feeling" und aktueller Mode darstellten. Manche Kleidungsstücke wurden auch mit Accessoires, wie etwa Muscheln oder Ansteckern, versehen. Um dem Konsumenten das „Vintage-Gefühl" noch stärker zu vermitteln, hat *Retrofame* 50 fiktive Vorbesitzer kreiert und somit die Seele und Geschichte des Kleidungsstücks auf beigelegten „Hang-Tags" festgehalten (inklusive Foto und kurzem Text über den Vorbesitzer).

Oft stellt das Produktdesign bzw. die Verpackung den für den Konsumenten entscheidenden Mehrwert dar und sollte deshalb besonders aufmerksam gewählt werden. Eine Möglichkeit, sich von der Konkurrenz abzuheben,

artcoustic.com
adidasoriginals.com
conelly-cocktails.com

ist, die Produkteigenschaften bereits ins Design bzw. in den Produktnamen einfließen zu lassen: hier ein Beispiel von einem schmerzstillenden Medikament.

Man kann mit Guerilla Producing auch völlig neue Produkte schaffen, wie zum Beispiel eine Knoblauchreibe im Kreditkartenformat.

Der Getränkehersteller *Conelly* hat wiederum Cocktails aus der Designerdose in die Clubszene eingeführt. Die Dose besteht aus zwei Teilen. Alkohol und Saft werden erst kurz vor der Konsumation zusammengemischt.

GUERILLA STORE

„Das Konzept ist einfach wie genial: Man nehme ein abrisswürdiges Geschäftslokal mit begrenzter Mietdauer, stelle geile Möbel und Accessoires unter dem Motto ‚20th Century Design‘ hinein und freue sich darüber, wegen der niedrigen Lokalmiete den Kunden hochpreisige Möbel zu günstigeren Konditionen anbieten zu können." [15]

Oft finden sich leerstehende Geschäftslokale in guter Lage, die temporär leer stehen (z. B. weil der neue Mieter erst Monate später einzieht) und die man für eine beschränkte Zeit sehr günstig mieten kann. Darüber hinaus findet man immer wieder eine außergewöhnliche

[15] vgl. Falter, Best of Vienna 1/2005, S. 43

Kulisse für das jeweilige Produkt – wie zum Beispiel eine
alte Buchhandlung.

SENSATION MARKETING

Beim Sensation Marketing wird versucht, den Kunden
durch eine „Sensation" zu faszinieren. Meistens sind solche Aktionen sehr aufwendig und teuer. Sensation Marketing eignet sich besonders für große Unternehmen, die
über ausreichende Marketingbudgets verfügen. Ziel ist
es, dass die Werbung nicht als Störfeld gesehen, sondern
als echtes Erlebnis wahrgenommen wird, über das man
spricht. Im einfachen Fall kann eine solche Sensation
das Aufstellen einer auffälligen Installation in der Fußgängerzone sein. Die Mund-zu-Mund-Propaganda spielt
auch beim Sensation Marketing eine Schlüsselrolle.

Die Restaurantkette *Pizza Hut* befestigte in den USA
ein drei Meter langes *Pizza Hut*-Logo auf einer Welt-
raumrakete. Rund eine Million Euro kostete diese ausgefallene Aktion. Da der Start der Rakete im Fernsehen und
Radio live übertragen wurde und außerdem Printmedien
über die Aktion berichteten, wurde insgesamt ein Media-
wert generiert, der die Kosten weit übertroffen hat.

Der Autovermieter *Sixt* sorgte für Aufregung auf dem
Frankfurter Flughafen. Hier wurde ein Auto verkehrt
herum, scheinbar mit Leim, aufgehängt. Der Slogan:
„Vorsicht, nur mit Billigleim befestigt. Mehr war bei
unseren günstigen Tarifen nicht drin."

Ein weiteres Beispiel für Sensation Marketing wurde
von *LEGO* umgesetzt: Die Fassade eines Hauses wurde

>> *Spectaculars von ABSOLUT VODKA*

so umgebaut, als ob es sich um ein *LEGO*-Gebäude handeln würde.

Nach New York und Los Angeles war Berlin die erste europäische Stadt, bei der *Absolut Vodka* im März 2005 ein Sensation-Projekt durchführte. Einen Monat lang wurden in den Berliner Szenebezirken Friedrichshain und Prenzlauer Berg sogenannte „Spectaculars" installiert: zum Beispiel ein überdimensionaler Plattenspieler, der von einer Hausmauer ragt, und statt der Plattennadel ist eine *Absolut Vodka*-Flasche montiert worden.

Auch in der Automobilbranche kommt Sensation Marketing zum Einsatz. *Volvo* stellte einen Geländewagen in einem Container aus Sicherheitsglas zur Schau. Der Slogan dazu lautete: „Zerbrechen Sie das Glas im Fall von Abenteuerlust".

Natürlich gibt es auch beim Sensation Marketing „Negativbeispiele". Im Jänner 2004 wurde von *IBM* eine Werbekampagne für das Betriebssystem Linux durchgeführt. Dabei wurden an Häuserwänden und Brücken in San Francisco riesige Graffiti mit diversen Motiven, welche im Zusammenhang mit der Kampagne standen, gesprüht. Da die Farben nicht wie ursprünglich gedacht abwaschbar waren, musste *IBM* umgerechnet ca. 23.000 Euro Reinigungskosten und 114.000 Euro Strafe zahlen. [16]

In Frankreich wurde 2002 der feurig-kühle Geschmack von *„Absolut* Pepper" in Form einer beeindruckenden Show präsentiert. Eine in Schweden hergestellte Eisschnitzerei in Form der *„Absolut* Pepper"-Flasche wurde vor 900 Gästen von einem Feuerspucker zum Schmelzen gebracht.

Eine spektakuläre Guerilla-Marketing-Aktion wurde auch von *„adidas* Originals" in verschiedenen Städten Europas im Zuge einzelner Shoperöffnungen durchgeführt. Dazu wurden überdimensional große *adidas* Schuhkartons aus Holz auf öffentlichen Plätzen mit dem Hinweis auf die Shoperöffnung aufgestellt. Die Abbildung auf Seite 62 zeigt ein Beispiel aus Antwerpen.

---

[16] vgl. Ogilvy & Mather – ogilvy.de; www.guerilla-marketing-portal.de/index.cfm?linkArticleID=56 (Stand 3/2006)

>> *Sensation Marketing von adidas Originals*

STREETART

Einige Beispiele für den Crossover von Streetart und Marketing finden sich bereits unter Ambient Media. Tatsache ist, dass öffentliche Kunst eine immer stärkere Präsenz im urbanen Straßenbild einnimmt und gleichzeitig auch salonfähig geworden ist. Man denke nur an Künstler wie Space Invador, die Made, Banksy, Roa, Ox, Brad Downey oder Evan Roth, um nur einige wenige zu nennen. Wenn man bei Google das Stichwort „streetart" eingibt, bekommt man über 31 Millionen Ergebnisse. Viele Firmen arbeiten heutzutage im Marketing mit Streetartists zusammen. *Opel* macht virales Marketing mit der fiktiven Band „The C.M.O.N.S.", gezeichnet von Graffiti-Künstler Boris Hoppek, *Microsoft* arbeitet mit Streetartist Sunil Pawar, Graffitikünstler Ichiban designten ein limitiertes Handy für den Mobilfunkanbieter *ONE* und das Traditionsunternehmen *Augarten* setzt auf Graffitidesigns zur „Verjüngung" seines Images. Der italienische Künstler Pixelpancho designte im Juni 2011 eine 200 Quadratmeter große grafische Intervention für *Desperados* auf dem Vorplatz des Wiener MuseumsQuartiers. Aber auch Firmen wie *tele.ring, 55DSL, Nike, adidas* oder *Sony PlayStation* sind bekannt für ihr Involvement in Streetart. Sehenswerte Beispiele findet man neben Berlin und Wien vor allem in Barcelona. Jedoch nicht alle Streetart-Künstler gehen mit dieser Entwicklung konform. Viele stört auch die immense Präsenz von Plakaten, Megaboards, City Lights und Rolling Boards mit klassischer Werbung. So beklebt zum Beispiel der

Franzose Ox bereits gebuchte Plakatflächen mit seinen eigenen Sujets. Auf Google finden sich dazu zahlreiche sehenswerte Bilder. Eine weitere Strömung ist das „Visual Kidnapping", bei dem wichtige Teile von Megapostern über Nacht entfernt werden. Der Pariser Künstler Zevs schnitt zum Beispiel ein zehn Meter großes Model aus einem *Lavazza*-Plakat aus und hinterließ die Aufforderung „Visual Kidnapping – Pay Now". Er verlangte 500.000 Euro Lösegeld und tourte mit der eingerollten Kaffeefrau durch europäische Galerien.

>> *Desperados Urban Showcase, MQ Wien 2011*

VIRALES MARKETING

Virales Marketing ist die geplante und gezielte Stimulation von Kommunikation in sozialen Netzwerken, von Mund zu Mund, von Maus zu Maus oder von Mobile zu Mobile. Das Ziel von viralem Marketing ist es, eine „ansteckende" Idee in der Zielgruppe zu verankern. Die Verbreitung der Werbebotschaft findet durch die Zielgruppe selbst statt: Wenn fünf Nutzer ein Produkt fünf Freunden empfehlen und diese wieder jeweils an fünf, dann hat man bereits 125 Personen mit einer persönlichen Empfehlung erreicht. Eine Stufe weiter sind es bereits 625. Die Werbebotschaft verbreitet sich sehr schnell und flächendeckend, wie ein Virus – ohne weiteren finanziellen Aufwand für das Unternehmen. Das Internet eignet sich besonders gut dafür, virale Inhalte zu verbreiten. Gegner argumentieren jedoch, dass solch ein Empfehlungsmarketing schwer zu planen und zu kontrollieren ist – zu schnell könne virales Marketing aus dem Ruder laufen.

Die drei wesentlichen Elemente einer viralen Marketingkampagne sind: [17]

>> Das Kampagnengut

Dieses sollte einen besonderen Unterhaltungs- und Nutzwert bieten, neu und einzigartig sein, nach Möglichkeit zumindest teilweise kostenlos und einfach weiterzuleiten bzw. zu kopieren sein. Wird das Kampagnengut via E-Mail verschickt, muss der Zeitpunkt der

[17] vgl. Langer, Sascha (2004)

Aussendung gut gewählt sein. Grundsätzlich eignen sich die Zeiten zwischen 12 und 14 Uhr und nach 15.30 Uhr gegen Ende der Woche am besten. Montag und Dienstag sind in der Regel ungeeignet, da zu Beginn der Woche die meisten Menschen viel zu tun haben. Wochenenden und Feiertage sind ebenfalls zu vermeiden. Der Inhalt der Betreffzeile sollte sorgfältig gewählt werden und so persönlich wie möglich sein. Außerdem muss man sich überlegen, ob man Text- oder HTML-Mails verfasst. HTML-Mails werden mit der Programmiersprache HTML (Hypertext Markup Language) erstellt und bieten neben ausgefeilten Auswertungsmöglichkeiten auch die Möglichkeit, multimediale Elemente wie Videos, animierte Bilder, Musik, Flash zu integrieren. Es können jedoch Probleme bei der Übertragung auftreten und die Nachricht kann, bedingt durch E-Mail-Programm und Größe des Monitors, verschieden aussehen. Als Anhang sollten vor allem Dateien mit den Endungen .mpg, .avi, .mov, .exe, .bat vermieden werden, da diese potenziell gefährlichen Dateien von den meisten Firewalls gefiltert werden. Das Kampagnengut kann auch über eine Website bzw. einen Blog verbreitet werden.

>> Die Rahmenbedingungen

Es sollten rechtzeitig Informationen begleitend zu einem Projekt an die Presse ausgesendet werden. Nach Möglichkeit werden bestehende Kommunikationsnetze, welche die Zielgruppe gewöhnt ist, genutzt. Verwendet man in einer E-Mail Musik oder große Animationen, müssen diese leicht abzuschalten bzw. zu schließen sein, um den Nutzer besonders am Arbeitsplatz nicht in eine peinliche Situation zu bringen. Um immer auf dem letzten Stand zu sein, empfiehlt es sich, die Newsletter der Konkurrenz zu abonnieren oder regelmäßig deren Websites zu besuchen.

>> Weiterempfehlungsanreize

Durch begleitende Gewinnspiele, Discounts oder Geschenke kann der Weiterempfehlungsanreiz einer viralen Aktion erhöht werden. Die Weiterempfehlungsrate ist die wichtigste Kennzahl im viralen Marketing und ausschlaggebend für das Wachstum eines Unternehmens. Nach *McKinsey & Company* werden 67 % aller Kaufentscheidungen von Bekannten beeinflusst.[18] Das virale Marketing bedient sich also der Macht der persönlichen Empfehlung. So wurde in Deutschland z. B. das Arzneimittel „Umckaloabo", welches einen Auszug aus einer afrikanischen Wurzel beinhaltet und wie ein homöopathisches Antibiotikum wirkt, über Nacht bekannt und ist mittlerweile in zahlreichen Apotheken erhältlich. Aber auch der E-Mail-Provider *Hotmail*, *GMX* oder der Low-Budget-Spielfilm „The Blair Witch Project" wurden durch virales Marketing bekannt.

Der Wiener Radiosender *Superfly* hat ein gelungenes Video auf YouTube gestellt, den „Superfly Streetdance": Ein professioneller Tänzer betritt bei grüner

---

[18] laut einer Untersuchung von dem Beratungsunternehmen McKinsey & Company aus dem Jahr 2000; www.mckinsey.com

>> *Superfly Streetdance*

Ampel einen Zebrastreifen quasi als Bühne und liefert eine skurrile Tanzperformance. Die Autofahrer werden zu Zuschauern in der ersten Reihe und auch die Passanten müssen schmunzeln.

Eine ausgefallene virale Marketing-Aktion wurde im Herbst 2004 von der Fastfood-Kette *Burger King* durchgeführt: Auf der Website www.subservientchicken.com konnte man einem als Huhn verkleideten Menschen mithilfe eines Eingabefelds über 400 Befehle geben (z.B. „Steh auf einem Bein"). Durch Maus-zu-Maus-Propaganda wurde das Huhn zu einem Teil der Popkultur in den USA – die Website wurde von zwölf Millionen

>> *Intimer Reality-Webstream auf diesel.com*

verschiedenen Usern (mit einer durchschnittlichen Ver-
weildauer von sechs Minuten) über 338 Millionen Mal
aufgerufen. Darüber hinaus wurde in 63 TV-Beiträgen,
darunter auch vom Nachrichtensender *FOX News*, über
das Huhn berichtet und die Verbindung zu *Burger King*
kommuniziert.

Nach einem fünftägigen Video-Streaming auf der
Website www.diesel.com wurde im Jahr 2007 in einer
überraschenden Intervention durch Stefano Rosso ein
Mitarbeiter aus der Gewalt von zwei Models in Unter-
wäsche befreit. Stefano wurde von seinem Vater Renzo,
dem Präsidenten und Gründer von *Diesel*, geschickt,

um den Verkaufsmitarbeiter Juan zu befreien, der von den Models gekidnapped worden war. Das revolutionäre Kommunikationserlebnis, das *Diesel* für den Launch seiner Intimate-Kollektion entwickelte, involvierte die Web-Community und Medien auf der ganzen Welt. In einer für *Diesel* typischen humorvollen, originellen und provokativen Manier orientiert sich das Projekt am Trend zu TV-Reality-Shows wie „Big Brother" oder dem Online-Starkult *MySpace/YouTube*. Durchschnittlich 60.000 Gäste interagierten täglich mit den zwei hübschen Mädchen: Gelee-Bäder, Foto-Shootings in Panda-Dressen und nächtliche Karaoke-Shows trugen zur Verdreifachung der Besucherzahlen auf *Diesels* Website bei. Über 100.000 Besucher waren es am letzten Tag. 2.000 Kommentare und unzählige Chat-Nachrichten, einschließlich vieler emotionsgeladener Bitten an *Diesel*, die Seite nicht zu schließen, waren das Ergebnis.

/// Dimensionen und Umwelt des Guerilla Marketings

Guerilla Marketing kann verschiedene Ausprägungen annehmen. Es kann sowohl von Profit- als auch Non-Profit-Unternehmen eingesetzt werden. Es kann von einem einzelnen Unternehmen auf mikroökonomischer Ebene oder von Unternehmenszusammenschlüssen auf makroökonomischer Ebene praktiziert werden. Je nachdem welche Rolle Guerilla Marketing einnehmen soll, kann man von einer Strategie oder einer Taktik sprechen.

Genauso vielfältig wie die Ausprägungen können auch die Motivationen eines Unternehmens sein, Guerilla Marketing als Teil- oder Gesamtkonzept einzusetzen. Im Wesentlichen können sieben Dimensionen des Guerilla Marketings unterschieden werden: [19]

1. Proactive Orientation (Umweltorientierung)

Guerilla Marketing sieht die externe Umwelt nicht als gegeben oder als einen Umstand an, auf den man bloß reagieren kann. Vielmehr wird die Umwelt als eine „Spielwiese" voller Möglichkeiten gesehen, die der Marketingexperte beeinflussen kann. Auf diese Weise können die Abhängigkeit des Unternehmens von seiner Umwelt und auch seine wirtschaftliche Verwundbarkeit reduziert werden.

---

[19] vgl. Morris, Michael H. et al. (2002), S. 1–14

2. Opportunity-Driven
(Marktnischen & Möglichkeiten nützen)

Marktnischen sind unentdeckte Marktchancen mit Profitpotenzial. Sie ergeben sich aus der Unachtsamkeit der anderen Marktteilnehmer. Das Ausloten solcher „Lücken" durch kreative Beobachtung der externen Umwelt kann auch zum frühzeitigen Erkennen von Trends und Entwicklungen führen.

3. Customer Intensity (Kundeneinbeziehung)

Die Emotionen und die Bedürfnisse der Kunden müssen beobachtet und anhand der kontinuierlich gewonnenen Erkenntnisse geleitet werden, anstatt ihnen zu folgen. Das Unternehmen identifiziert sich also mit dem Kunden auf einer sehr fundamentalen Ebene und der Kunde identifiziert sich im Nachhinein auf ähnliche Weise mit dem Produkt, der Marke oder dem Unternehmen. Dabei versucht das Guerilla Marketing, durch innovative Ansätze neue Kundenbeziehungen zu generieren bzw. anhand bestehender Beziehungen neue Märkte zu erschließen.

4. Innovation Focused (Innovationen)

Eine wichtige Aufgabe im Guerilla Marketing ist das Aufrechterhalten einer gewissen innovativen Bewegung, welche sowohl interne als auch externe Ideen vorantreibt. Neuartige Ideen können in neue Produkte, Dienstleistungen, Märkte, Technologien usw. eingebracht bzw. umgewandelt werden.

5. Risk Management (Risikomanagement)

Im Guerilla Marketing hat man es grundsätzlich mit einem erhöhten Risiko zu tun, da sich viele der Aktionen rechtlich auf einem sehr dünnen Pfad bewegen und auch Gefahren mit sich bringen können. Deshalb ist es von zentraler Bedeutung, die Risiken eines Projekts zu kennen, zu bewerten und möglicherweise mit anderen Unternehmen zu teilen.

6. Resource Leveraging (die Hebelwirkung von Ressourcen nützen)

Guerilla Marketing kann durch den intelligenten Einsatz von Ressourcen einen Mehrwert generieren. Diese Ressourcen können Produkte, Infrastrukturen, Know-how, aber auch Mitarbeiter betreffen. Also z.B.: Ressourcen lassen sich auch anmieten, teilen, leasen, vermieten, wiederverwerten oder auslagern.

Ressourcen in einer bis dato noch unbekannten Weise nützen

Ressourcen anderer für den eigenen Bedarf nützen

Ressourcen passend kombinieren und so einen höheren Effekt erzielen

Ressourcen intensiver und umfangreicher nützen

Bestimmte Ressourcen verwenden, um andere zu erhalten

7. Value Creation (Wertschöpfung)

Zu den Aufgaben eines Guerilla-Marketing-Experten gehört es auch, ungenütztes Kundenpotenzial auszumachen und durch die richtige Kombination von Ressourcen einen Mehrwert zu schaffen.

Guerilla Marketing ist, genauso wie traditionelles Marketing, in einer externen und internen Umwelt eingebettet. Allerdings gibt es beim Guerilla Marketing einige Besonderheiten:

1. Eine externe Umwelt, die folgende Eigenschaften aufweist, stellt die ideale Umgebung für Guerilla Marketing dar:

> Heterogenität in der Nachfrage und im Angebot

> Verhandlungswille der Lieferanten, Produzenten und Käufer

> Vorhandensein effektiver Alternativprodukte

> Vorhandensein „aggressiver" Konkurrenten

> sowie eines technologischen Wandels

2. Die interne Umwelt besteht aus der Wechselbeziehung zwischen Marktorientierung bzw. unternehmerischer Orientierung und dem Betriebsklima bzw. der Betriebsstruktur. Die unternehmerische

Orientierung sollte Innovation und Risikobereitschaft zulassen. Eine dezentrale Betriebsstruktur mit abwechslungsorientierten, für Änderungen offenen Mitarbeitern, die aus verschiedenen Bereichen kommen, ist besonders gut für Guerilla Marketing geeignet.

3. Aus der externen und der internen Umwelt ergibt sich der jeweilige organisationsspezifische Zugang zum Marketing, der wiederum die externe Umwelt beeinflusst und außerdem zu einem bestimmten „Output" führt, der sowohl finanzieller als auch ideeller Natur sein kann.

Kapitel 1

/// Verwandte Bereiche des Guerilla Marketings:
Trendscouting, rechtliche Aspekte,
Kreativität, Zielgruppe

/// Trendscouting

Trendscouting ist die Suche nach neuen Trends. Trends sind nachhaltige soziologische, politische, technologische oder kulturelle Bewegungen, welche beim Konsumenten (neue) Sehnsüchte wecken. Trend- und Zukunftsforscher Matthias Horx beschreibt verschiedene Arten von Trends:

zukunftsinstitut.de
horx.com

>> Metatrends, die sich in allen lebenden Systemen finden, keinen Zyklen folgen und über sehr lange Zeit vorherrschen.

>> Megatrends müssen eine Halbwertszeit [20] von mindestens 25 bis 30 Jahren haben. Sie sollten in allen möglichen Lebensbereichen auftauchen und dort Auswirkungen zeigen (nicht nur Konsum, sondern auch Wertewandel, Politik, Ökonomie etc.). Außerdem haben Megatrends prinzipiell einen globalen Charakter, auch wenn sie nicht überall gleichzeitig stark ausgeprägt sind. Ein Beispiel für einen Megatrend ist das Cocooning. Dieser ist dadurch gekennzeichnet, dass sich der Mensch zunehmend von seiner Außenwelt abkapselt (bzw. in einen Kokon hüllt). Dabei bilden einerseits Ängste (z. B. in der U-Bahn überfallen zu werden) und

---

[20] Anmerkung: In diesem Fall stellt die Halbwertszeit jene Zeitspanne dar, in welcher sich die Hälfte der ursprünglichen „Intensität" eines Trends aufgelöst hat.

andererseits Gemütlichkeit Motivationsgründe für dieses Verhalten.

>> Konsumtrends und soziokulturelle Trends werden von den Lebensgefühlen der Menschen in einer bestimmten Epoche geprägt und zeigen sich vor allem im Konsumverhalten und in den Produktwelten. Ein guter Konsumtrend hat eine Halbwertszeit von ca. fünf bis acht Jahren; etwa der Trend zum Individualismus, der besonders in den Jugendszenen vorherrscht.

>> Produkttrends sind oberflächliche Modeerscheinungen, die durch Marketingaktivitäten ausgelöst werden und sich in einer Zeitspanne von einem Jahr oder einer Saison abspielen.

Matthias Horx präsentiert in seinen Vorträgen die wichtigsten Megatrends unserer Zeit:

>> Downaging: Durch diverse Behandlungen möchten die Menschen in Zukunft länger fit bleiben und dann schneller sterben. Das Leben wird zur Gestaltungsaufgabe.

>> Asien: Der Einfluss dieser Kultur in der westlichen Welt ist kaum zu übersehen und reicht von asiatischer Küche über Yoga, Feng-Shui, Kamasutra bis hin zu Videospielen, Kosmetik und Design (z. B. der „iPod" ist Zen Design).

>> Frauen: Die zunehmende Gleichberechtigung der Frau verändert die Wertesysteme unserer Gesellschaft (Filme im Fernsehen) und bringt neue Produkte und Dienstleistungen auf den Markt (frauengerechte Autos und Handys etc.). Außerdem haben Frauen Einfluss in der Politik und haben die Entscheidungsmacht bei Design und Kauf.

>> Gesundheit: Hier geht der Trend von Wellness zur „Selfness", also die Kulturfähigkeit eines jeden Einzelnen, sein Leben in eine persönliche Balance zu bringen.

>> Weitere Megatrends: Individualisierung, New Work, Connectivity, Urbanisierung, Mobilität, Neue Bildung.

/// Rechtliche Aspekte im Guerilla Marketing

Da Guerilla Marketing unkonventionelles Marketing ist, das auffallen soll, entsteht gegenüber traditionellem Marketing ein höheres Konfliktpotenzial. Oft bewegen sich Guerilla Marketer in einer rechtlichen Grauzone oder an der Grenze der Legalität. Deshalb ist es von Vorteil, die wichtigsten rechtlichen Rahmenbedingungen zu kennen. Dabei sind allgemeine Zivil- und Strafrechtsnormen, gewerbliche Schutzrechte (Markengesetz, Urheberrechtsgesetz, E-Commerce-Gesetz, …) sowie nationale und internationale Werberichtlinien von Bedeutung. Insbesondere kommt das Gesetz gegen den unlauteren Wettbewerb (UWG) häufig ins Spiel. Deshalb werden nachfolgend die wichtigsten Paragrafen des UWG[21] in diesem Zusammenhang beleuchtet:

>> In **§ 1 UWG** wird festgelegt, wen das UWG schützt (Verbraucher, Mitbewerber und sonstige Marktteilnehmer [Auffangtatbestand]).

>> In **§ 3 UWG** steht die Generalklausel (Wettbewerbshandlungen, die geeignet sind, den Wettbewerb zum Nachteil der Mitbewerber, der Verbraucher oder der sonstigen Marktteilnehmer nicht nur unerheblich zu

---

[21] Die zitierten Paragrafen sind dem deutschen UWG entnommen. In Österreich ist die Rechtslage vergleichbar.

beeinträchtigen, sind unzulässig), welche in den §§ 4–7
UWG konkretisiert wird.

>> § 4 UWG nennt u. a. die folgenden Tatbestände als
unzulässig:

Erpressung/Nötigung, Überrumpeln, z. B. Nonne bei
Beerdigung, Abschleppunternehmer bei Unfall, Fotograf vor Standesamt

Herabsetzende und verunglimpfende Werbung,
z. B. lieber *Sixt* als zu teuer; lieber PLUS bei uns als
NULL woanders …

Schockierende Werbung/Angstwerbung, z. B. sterben-
de, ölverschmutzte Ente für Textilwerbung (*Benetton*);
Werbung, die verspricht, nur das beworbene Produkt
könne vor Gesundheitsschäden, Tod oder Insolvenz
schützen – „Garantiert in 16 Wochen 66 Pfund ab-
nehmen"

Autoritätswerbung: Die Feuerwehr darf beispielsweise
ihr Ansehen und ihre Autorität nicht einsetzen, um
den Kunden zum Abschluss eines Prüfvertrages zu
motivieren

Werbung, die die geschäftliche Unerfahrenheit von
Kindern ausnützt

Werbung, die die Teilnahme an einem Gewinnspiel mit dem Warenabsatz koppelt

Werbung, die bei Zugaben oder Geschenken die Bedingungen für deren Inanspruchnahme nicht genau in der Werbung angibt

Werbung, die den Werbecharakter von Wettbewerbshandlungen verschleiert

§ 4 Nr. 11 UWG behandelt den „Vorsprung durch Rechtsbruch". Darunter sind Verstöße gegen das Ladenschlussgesetz, das Feiertagsgesetz und das Rechtsberatungsgesetz zu verstehen.

§ 5 UWG schützt den Verbraucher vor irreführender Werbung – also Täuschung durch falsche Angaben über Qualität der Ware, Anlass des Verkaufs (z. B. Räumungsverkauf), Eigenschaften des Herstellers (z. B. Meisterbetrieb).

§ 6 UWG regelt die vergleichende Werbung. Diese ist grundsätzlich erlaubt, aber es dürfen keine irreführenden, herabsetzenden oder ablehnenden Vergleiche vorkommen.

§ 7 UWG schützt den Verbraucher vor unzumutbarer Belästigung. Belästigung ist wiederum grundsätzlich erlaubt (das heißt, es besteht die Möglichkeit der Präsentation, auch auf die Gefahr hin, dass die Zielperson gestört wird). Verboten ist hingegen:

Erkennbar unerwünschte Werbung

„Cold Calls" bei Verbrauchern (nur mit mutmaßlicher Einwilligung der Teilnehmer erlaubt)

Absender- oder adressverschleiernde Werbung

Beim Empfänger Kosten verursachende Werbung, wie beispielsweise durch Telefax, E-Mail oder SMS

Wird gegen den **§ 3 des UWG** verstoßen, muss man mit folgenden Rechtsfolgen rechnen:

§ 8 UWG Beseitigung und Unterlassung

(1) Wer dem § 3 zuwiderhandelt, kann auf Beseitigung und bei Wiederholungsgefahr auf Unterlassung in Anspruch genommen werden. Der Anspruch auf Unterlassung besteht bereits dann, wenn eine Zuwiderhandlung droht.

(2) Werden die Zuwiderhandlungen in einem Unternehmen von einem Mitarbeiter oder Beauftragten begangen, so sind der Unterlassungsanspruch und der Beseitigungsanspruch auch gegen den Inhaber des Unternehmers begründet.

§ 9 UWG Schadensersatz

Wer dem § 3 vorsätzlich oder fahrlässig zuwiderhandelt, ist den Mitbewerbern zum Ersatz des daraus entstehenden Schadens verpflichtet. Gegen verantwortliche Personen von periodischen Druckschriften kann der Anspruch auf Schadensersatz nur bei einer vorsätzlichen Zuwiderhandlung geltend gemacht werden.

§ 10 UWG Gewinnabschöpfung

Wer dem § 3 vorsätzlich zuwiderhandelt und hierdurch zu Lasten einer Vielzahl von Abnehmern einen Gewinn erzielt, kann auf Herausgabe dieses Gewinns an den Bundeshaushalt in Anspruch genommen werden.

Wenn man selbst unlauter geworben hat, bekommt man zunächst eine Abmahnung. Eine Abmahnung ist ein Hinweis auf den Wettbewerbsverstoß und eine Aufforderung, diesen zu unterlassen. Außerdem hat die Abmahnung die Funktion, die Angelegenheit außergerichtlich dadurch zu erledigen, dass der Wettbewerbsverletzer eine verbindliche Unterlassungspflichterklärung abgibt, mit der er sich zum einen verpflichtet, die konkrete Verletzungshandlung nicht wieder zu begehen, und zum anderen eine Vertragsstrafe verspricht, falls er erneut gegen die Unterlassungsverpflichtung verstoßen sollte. Eine angemessene Vertragsstrafe bewegt sich je nach Größe der Beteiligten und nach Intensität der Verletzungshandlung in der Regel zwischen 5.000 und 10.000 Euro.

Es gibt folgende Reaktionsmöglichkeiten auf eine Abmahnung:

Nichts tun (zunächst preiswert, aber riskant)

Unterlassungserklärung abgeben

Intensive Überprüfung des Marktverhaltens des Abmahners und „angreifen". Durch eine Gegenabmahnung bzw. negative Feststellungsklage kommt es häufig zu einer Beendigung des Rechtsstreits.

Wenn man „nichts tut", kann es sein, dass ein „einstweiliges Verfügungsverfahren" eingeleitet wird. Das einstweilige Verfügungsverfahren dient dazu, sehr schnell einen Unterlassungstitel zu erhalten, wenn es sich um einen schwerwiegenden Wettbewerbsverstoß handelt und Eilbedürftigkeit deshalb gegeben ist, weil zu befürchten ist, dass der Abgemahnte die Vorgehensweise fortsetzt. Um eine einstweilige Verfügung zu erwirken, ist es erforderlich, die Beweismittel schnellstmöglich zu sichern. Sei es durch eidesstattliche Erklärungen oder durch Dokumente, Urkunden oder Fotos. In weiterer Folge kann es zu einer gerichtlichen Unterlassungsverfügung kommen, entweder mit oder ohne vorherige mündliche Verhandlung. Der Abgemahnte kann entweder Widerspruch einlegen oder den Gegner ins Hauptsacheverfahren drängen. Das Hauptsacheverfahren schließt sich entweder einem einstweiligen Verfügungsverfahren als endgültige Regelung an oder ist gleich der erste Schritt, der eingeschlagen wird. Die Kosten des Hauptsacheverfahrens trägt derjenige, der unterlegen ist.

Abgesehen von dem eben erläuterten UWG sollte man die Veränderungen im einheitlichen europäischen (Werbe-)Recht verfolgen. Es ist deshalb ratsam, sich beim Erstellen einer Guerilla-Marketing-Strategie nach etwaigen Neuerungen bzw. Änderungen der Gesetzeslage zu informieren.

/// Kreativität im Guerilla Marketing

Wie bereits dargelegt wurde, wird beim Guerilla Marketing in erster Linie in eine kreative Idee investiert. Basierend auf diesem Zusammenhang werden im folgenden Kapitel die Grundzüge der Kreativitätsforschung vorgestellt.

Der Begriff Kreativität leitet sich vom lateinischen „creare" (= erschaffen) ab und ist eine Übertragung des englischen „creativity". Diese Bezeichnung wurde von J. P. Guilford im Jahr 1949 bei einer Konferenz der „American Psychological Association" in Washington, D.C. eingeführt. Er kennzeichnete damit den übergreifenden Bereich einer Reihe damals neuerer Denkströmungen und Forschungsarbeiten aus verschiedenen Bereichen. Ähnlich wie bei der Definition des Guerilla Marketings, herrscht auch beim Begriff Kreativität weitgehend Uneinigkeit über eine allgemein akzeptierte Bedeutung. Dabei reichen die Meinungen bis in die frühe Antike: Plato beschreibt Kreativität anhand einer göttlichen Inspiration, die dem Menschen (einem leeren Gefäß) eingefüllt wird: „Man kann nur tun, was einem die Muse sagt." [22] Sigmund Freud meint, Kreativität kommt aus der Verbindung von bewusster Realität und unbewussten Trieben (zum Beispiel: Drogen, Schlaf, Fantasie) zustande. [23] Kubie vertritt die Meinung, dass das

[22] vgl. Rothenberg, Albert/Hausman, Carl R. (1976)
[23] vgl. Freud, Sigmund (1964)

Unterbewusste der Kreativität schadet, da dabei bereits bekanntes Gedankengut verwendet wird. [24] Weisberg wiederum behauptet, dass Kreativität aus konventionell kognitiven Prozessen und bereits bekannten gespeicherten Denkprozessen zustande kommt. [25]

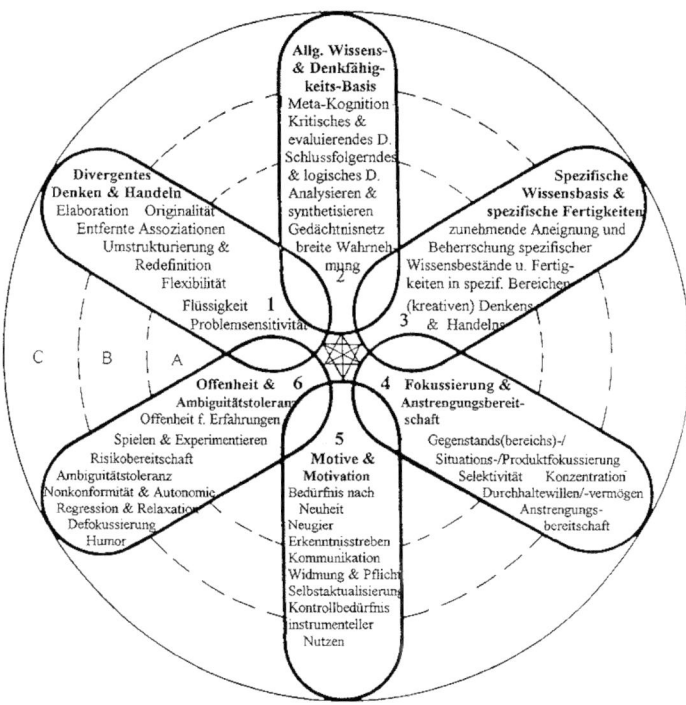

>> *Komponentenmodell von Urban*
  vgl. Urban, Klaus K. (1993), S. 161–181

[24] vgl. Kubie, Lawrence S. (1958)
[25] vgl. Weisberg, Robert W. (1993)

Kreativität kann als Zusammenspiel eines kognitiven und eines persönlichkeitstheoretischen Aspekts betrachtet werden. Dazu hat Urban ein Komponentenmodell entworfen, welches die gegenseitigen Wechselwirkungen und sich bedingenden Komponenten bzw. Subkomponenten der Kreativität verdeutlicht. Eine kreative Person muss danach Flexibilität im Denken aufweisen und entfernte Assoziationen sehen (1), sowohl über ein Allgemeinwissen (2) als auch über ein Spezialwissen verfügen (3), Konzentration und Durchhaltevermögen besitzen (4), nach Erkenntnis streben (5) und sowohl offen für Neues als auch risikobereit sein (6). Diese Eigenschaften können über die individuelle Dimension (A) hinausgehen und sowohl eine gruppenbezogene (B) als auch globale Dimension (C) erreichen. Damit soll verdeutlicht werden, dass Kreativität nicht immer ein personenbezogenes Phänomen ist, sondern auch durch Teamarbeit zustande kommt und sich letztlich gesellschaftlich bemerkbar macht.

A: Individuelle Dimension
B: Gruppen- oder nahumweltbezogene Dimension
C: Gesellschaftliche oder historische oder globale
    Dimension

Das Komponentenmodell von Urban soll deutlich machen, innerhalb welchen Rahmens schöpferisches Denken und Handeln zu berücksichtigen ist und innerhalb welcher Begrenzungen Kreativität zu sehen ist. Professor Robert Sternberg von der Yale University, der als Pionier in der Kreativitätsforschung gilt, definiert Kreativität wie folgt: „Kreativität ist die Fähigkeit Arbeiten zu erzeugen, die sowohl neu (originell, unerwartet) als auch brauchbar sind." [26]

Man unterscheidet vier Erscheinungsformen der Kreativität:

1. DAS KREATIVE DENKEN

Kreatives Denken setzt sich aus vertikalem Denken und lateralem Denken zusammen. Vertikales Denken kommt nur dann in Bewegung, wenn eine Richtung vorhanden ist, in welche es sich bewegen kann; es ist gekennzeichnet durch Analyse und Abstraktion. Laterales Denken kommt in Bewegung, um eine Richtung zu finden; es ist gekennzeichnet durch Assoziationen und Analogie.

Es gibt vier Prinzipien kreativen Denkens:

1. Erkennen beherrschender Vorstellungen und Denkwege
2. Suche nach anderen Wegen, Dinge zu betrachten
3. Lockerung der strengen Kontrolle, die das rational-logische (vertikale) Denken ausübt
4. Bewusste Verwendung des Zufalls

Das größte Problem beim kreativen Denken ist, dass zu viele Konventionen die Fantasie einschränken. Konformes

[26] vgl. Sternberg, Robert J. / Lubart, Todd I. (1996), S. 677

Denken gilt als sicher, bekannt und akzeptiert, kreatives hingegen ist „unsicher". Aus konformem Denken kann jedoch leicht mechanisches Denken, also Denken in Stereotypen werden, was zu Unlust und Langeweile führen kann. Ein weiteres Hindernis kann zu früh einsetzende Kritik sein, denn „unzensiert aufkeimende Assoziationen" dienen als „Rohmaterial für kreatives Denken".[27]

2. DIE KREATIVE PERSON

Als charakteristisch für eine kreative Person gilt zum Beispiel eine offene Haltung der Umwelt gegenüber, Kritikfähigkeit, Flexibilität, Begeisterungsfähigkeit, viel Initiative und Originalität. Sie ist im Allgemeinen unkonventionell, energisch und mutig, hat eine Vorliebe für Neues, arbeitet ausdauernd an Lösungen, ist autonom, reif, emotional stabil und dominant. Allerdings werden dem kreativen Menschen auch soziale Introvertiertheit, weniger ausgeprägte soziale und religiöse Werthaltungen und Aggressivität nachgesagt. Gisela Ulmann[28] behauptet sogar, kreative Menschen wären notwendigerweise „unsozialisierbar" und „asozial".

3. DER KREATIVE PROZESS

Eigenschaften des kreativen Prozesses sind Risikobereitschaft, Ideenreichtum, Fantasie, Kontinuität (des Ideenflusses), Offenheit und Unabhängigkeit. Negative Umwelteinflüsse können ihn blockieren.

[27] vgl. Landau, Erika (1984), S. 115
[28] vgl. Ulmann, Gisela (1968), S. 44

4. DAS KREATIVE PRODUKT

Kreative Produkte sind Ergebnisse des kreativen Prozesses und geben Einblick in die Persönlichkeit des Schöpfers. Besemer und O'Quin haben ein Modell entwickelt, mit dem man Produkte im Hinblick auf die ihnen zugrunde liegende Kreativität bewerten kann. Zentrales Element der „Creative Product Semantic Scale" (CPSS) ist die Neuartigkeit, welche als Seltenheit im statistischen Sinn, als Erstauftritt in der Zeit, Abweichung von der Norm oder als Einzigartigkeit in einer Population zu verstehen ist.

Insgesamt beinhaltet das Modell drei unabhängige Dimensionen, welche in verschiedene Subdimensionen unterteilt sind:[29]

1. Neuheit: originell, überraschend, trendig
2. Bedeutung: wertvoll, logisch, nützlich
3. Ausarbeitung: organisch, elegant, komplex, verständlich, gut verarbeitet

Grundlage des Modells ist das Semantische Differenzial. Dabei werden gegensätzliche Eigenschaftswörter, die durch Rating-Skalen miteinander verbunden sind, auf einen Begriff bzw. ein Produkt angewandt. Das CPSS-Modell eignet sich gut für die systematische Erfassung sowie die äußere Wahrnehmung eines kreativen Produkts, jedoch gibt es keine Auskunft darüber, warum ein Produkt als kreativ eingeschätzt wird. Dafür eignet sich

---

[29] vgl. Besemer, S. P. / O'Quin, K. (1986), S. 115–126

der „Definitions of Creativity Questionnaire" (DOCQ)
von Glück: Der Proband bewertet die Attribute kreativer
Personen oder Produkte und analog dazu, wie bedeutend
die jeweilige Eigenschaft ist. [30]

Folgende Besonderheiten wirken sich innerhalb eines
Unternehmens positiv auf die Entfaltung von Kreativität
aus: [31]

>> Freiheit und Unabhängigkeit des einzelnen Unternehmens

>> Schlanke Organisationsstruktur

>> Sympathien zwischen den einzelnen Mitarbeitern
bzw. zwischen Mitarbeitern und Vorgesetzten

>> Geeignete Umgebung (z. B. hohe Räume)

>> „Chaotisches" Umfeld

Darüber hinaus kann Kreativität gezielt gefördert werden. Die Hypothese der intrinsischen Motivation besagt,
dass Menschen am kreativsten sind, wenn sie in erster
Linie durch Interesse, Freude, Befriedigung und Herausforderung motiviert sind – nicht durch externe Faktoren

[30] vgl. Glück, Judith et al. (1998)
[31] vgl. Lürzer, Walter (2002), S. 9ff

(Belohnung, Überwachung, Bewertung, Konkurrenz-druck). Es kann jedoch sein, dass durch diese Faktoren ein zusätzlicher Motivationseffekt zustande kommt, der die Kreativität dementsprechend erhöht.

Für das Guerilla Marketing bedeutet dies, dass ein Unternehmen Mitarbeiter beschäftigen muss, die über eine ausgeprägte Vorstellungskraft und Fantasie verfügen und aus eigener Motivation ihre Vision verwirklichen wollen. Darüber hinaus kann eine geeignete organisatorische Umwelt die individuelle Kreativität fördern. Nämlich durch die Bereitstellung von Ressourcen (Geld, Materialien, Systemen, Menschen, Informationen) und der Techniken zur Bearbeitung der Ressourcen (Kreativität begünstigendes Management).

Oft kommen bei der Planung einer Guerilla-Marketing-Kampagne jedoch mehrere Personen zusammen, von denen jeder Einzelne eigene Ideen und Vorstellungen hat. Nicht selten wird eine Werbeagentur beauftragt, Guerilla-Marketing-Konzepte zu entwerfen, und wieder müssen die am kreativen Prozess beteiligten Personen einen Konsens oder Dissens finden. Nun stellt sich die Frage, welchen Einfluss der Konsens auf die Kreativität und den Kampagnenerfolg hat. Laut einer empirischen Studie der TU Berlin (122 Kampagnen von 98 Auftraggebern) ist der beste Nährboden für kreative Handlungen ein mittlerer Konsens, also eine fruchtbare Streitkultur zwischen den beteiligten Entscheidungsträgern. Eine hoch konsensuale Zusammenarbeit wirkt sich negativ auf die Kreativität aus – genauso wie großer Dissens bei der

Zusammenarbeit. Außerdem ist der Kampagnenerfolg am höchsten bei einer Neukundenbeziehung (kürzer als ein Jahr). Wenn sich die beteiligten Entscheidungsträger also noch nicht so gut kennen und alle bemüht sind, den anderen von sich zu überzeugen, herrscht eine optimale Voraussetzung für kreatives Handeln. [32]

Anzumerken ist, dass Kreativität keine konstante Eigenschaft ist. Selbst die größten Wissenschaftler und Künstler zeigen sich nicht ständig kreativ. Es ist außerdem falsch, das Konzept der Genialität in einem Individuum oder in seinem Werk zu suchen; Genialität ist eine Eigenschaft, die das Publikum dem Kreativen als Reaktion auf sein Werk verleiht, wobei sich das Urteil darüber ständig verändert. [33]

[32] vgl. Trommsdorff, Volker (2003)
[33] vgl. Weisberg, Robert W. (1989)

/// Relevanz der Zielgruppe im Guerilla Marketing – die Bobos (Bourgeois Bohemians)

In den vergangenen Jahren hat sich ein Zielgruppen-konzept etabliert, das für das Guerilla Marketing besonders passend zu sein scheint. Was in den 60er Jahren egoistische Yuppies (young urban professionals) oder liberale Hippies und später in den 80er Jahren Dinks (double income, no kids) waren, sind dies heutzutage hedonistische Bobos (Bourgeois Bohemians) – ein vom US-amerikanischen Autor David Brooks geprägter Begriff. Die Bobos vereinbaren problemlos Kapitalismus mit sozialem Gewissen und Hedonismus mit Rebellion. Sie sind ein Produkt der sozialen Entwicklung der vergangenen 40 Jahre. Die Bobos sind eine sehr aufgeschlossene, tolerante und auch intelligente Zielgruppe, die versucht, sich aus allem was schon da gewesen ist das Beste für sich rauszuholen und zu genießen. Da gehört ein Besuch in der Oper genauso dazu wie das ungehemmte Abtanzen im Underground Club der Stadt. Die Wiener Wochenzeitung *Falter* beschreibt die typische Bobo-Frau anhand der 28-jährigen Marie aus Wien: Sie lebt in einer Altbauwohnung am Siebensternplatz, gleich um die Ecke der Cocktailbar *Shultz*. Ihr Gewand ist von *Zara*, sie besitzt aber auch einen Anzug von der Antwerpener Designerin *Ann Demeulemeester*. Ihre Haare schneiden *Ruppitsch & Theuermann*. An ihre Haut lässt sie nur handgerührte französische Naturkosmetik. Sie geht ins Burgtheater genauso gerne wie ins *Flex*. Mit Anfang zwanzig war Marie bereits Geschäftsführerin einer umtriebigen Medienkulturgruppe. Im Sommerurlaub arbeitet sie bei einem Demokratisierungsprojekt in Nepal mit. „Bobos interessieren sich für Politik, aber nicht für klassische Partizipation. Engagement und Verantwortung ist ihnen wichtig – der schwedische Designtisch sollte nicht aus Tropenholz sein", sagt Matthias Karmasin, Publizistikprofessor an der Universität Klagenfurt. „Die ‚Bourgeois Bohemiens' reagieren allergisch auf aufgesetzte Inszenierungen." [34]

„Wir leben in einer Zeit, die ideal ist für Menschen, die aus Ideen Produkte machen können, meist gebildete Leute, die mit einem Bein in der Welt der Boheme und Kreativität stehen und mit dem anderen fest in einem bourgeoisen, von Ehrgeiz und materiellem Erfolg geprägten Umfeld. Die Vertreter der neuen Elite des Informationszeitalters sind die Bobos", so die Grundidee der Thematik nach David Brooks. Seiner Recherche zufolge reichen die historischen Wurzeln der Bobos bis ins erste Drittel des 19. Jahrhunderts zurück, da sich bereits in dieser Zeit das Wertesystem der Bobos durch die Industrialisierung herausgebildet hat. Die damalige Mittelklasse liebte das vernünftige Maß und hasste alles Extreme. Sie stand für einen klaren, klassischen Stil, nicht protzigen

[34] vgl. John, Gerald / Weissenberger, Eva (2004), S. 8f

Barock, war „clever", aber nicht auffallend intellektuell, hatte „gute Manieren", war aber nicht dekadent.

In den 1830er Jahren wandten sich die Intellektuellen von der Bourgeoisie ab und bauten sich ihr eigenes Universum, das zwar ökonomisch schwach, aber im Reich des Geistes und der Fantasie sehr stark war. Fasziniert von exotischen Kulturen eroberten diese Bohemiens Sex als Kunstform, ließen sich Haare wachsen und Bärte stehen, verherrlichten die Jugend und waren auf Provokation aus. Im Gegensatz dazu predigte die Bourgeoisie Materialismus, Ordnung, Zuverlässigkeit, Tradition, rationales Denken und Produktivität. Es folgte ein lang anhaltender „Kulturkampf", der in den 1950er Jahren in den USA in einem Höhepunkt der Bürgerlichkeit gipfelte, zugleich aber auch der Anfang ihres Endes war. In den 60er Jahren definierten sich die Menschen über Leistung. Der Geldwert eines College-Abschlusses hatte sich in nur fünfzehn Jahren verdoppelt und so lag den Intellektuellen nicht nur das Geld, sondern auch die Welt zu Füßen. Gleichzeitig fand eine Rebellion und Gegenkultur statt, welche Tradition und Autorität ablehnte. 1970 war der Lebensstil der Boheme zur Norm geworden und die bürgerliche Kultur verlor an Boden – als Begleiterscheinung schossen die Scheidungsraten und die Zahl unehelich geborener Kinder in die Höhe. In den Jahren, die folgten, kristallisierte sich schön langsam eine dritte Kultur heraus, welche eine Art „Versöhnung" der beiden Extreme darstellte, der Beginn der Bohemian Bourgeoisie.

Das Konsumverhalten der Bildungsschicht wurde nach David Brooks durch neue Regeln geprägt, welche definierten, was es hieß, ein kultivierter Mensch zu sein: [35]

>> Kultivierte Menschen geben nur dann große Summen aus, wenn es notwendig ist.

>> Es ist begrüßenswert, große Summen für alles auszugeben, was von „professioneller Qualität" ist, auch wenn es nichts mit der eigenen Profession zu tun hat.

>> Man muss in den kleinen Dingen perfekt sein (die Liebe zum Detail).

>> Man kann gar nicht genug Textur zeigen. Bobos umgeben sich gerne mit Dingen, die eine natürliche Unregelmäßigkeit aufweisen; glatte Oberflächen sind out – der Rohzustand verkörpert für die Bobos Authentizität und moralische Korrektheit.

>> Ziel ist es, sich mit Objekten zu umgeben, die angeblich keine Funktion als Statussymbol haben, weil sie einmal einfachen und ehrlichen Menschen gehörten, die gar nicht merkten, wie modebewusst sie waren. Ein weiteres wichtiges Element dieser Regel ist die Sympathie zu unterdrückten Kulturen.

[35] Brooks, David (2002)

>> In einem Bobo-Haushalt wird man immer wieder auf allerhand Kunstgegenstände stoßen, die alle nichts miteinander zu tun haben.

>> Unsummen für Dinge ausgeben, die früher einmal billig waren. Vor allem im Bereich der Lebensmittel kaufen Bobos gern biologische und hochwertige Produkte, die auf ihre Art irgendwie speziell sind.

>> Die Bildungselite verlangt nach Geschäften mit einer größeren Auswahl, als ein Mensch eigentlich verkraften kann, in denen aber nicht von so vulgären Dingen wie Preisen die Rede ist. Es ist nicht nur wichtig was, sondern wie gekauft wird; Bobos möchten sich bei ihren Einkäufen keine fehlende Originalität nachsagen lassen. *Rowenta* setzt nicht einfach darauf, dass Bügeleisen Falten beseitigen. Das Unternehmen verschickt kleine Kataloge zum Thema „Bügel-Feng-Shui". Im Feng-Shui bedeuten Falten: Spannungen im Gewebe. Durch Beseitigung der Falten beseitigt man die Spannungen und erhöht den Fluss des Chi.

David Brooks formuliert weiter: „Wir Bildungsmenschen umgeben uns mit Motiven eines Lebens, das wir selbst nicht führen wollen. Wir sind geschäftige Meritokraten, kaufen aber Dinge, die vormeritokratische Ruhe ausstrahlen. Bewaffnet mit Palm Pilots und Handys marschieren wir der Zukunft entgegen und verbarrikadieren uns gleichzeitig hinter Ursprünglichem, Archaischem, Reaktionärem. Schuldbewusst stehen wir zu unseren Privilegien und schmücken uns demonstrativ mit Objekten der weniger Privilegierten. Wir sind keine Heuchler. Wir suchen nur nach Gleichgewicht."

Diese Grundsätze charakterisieren auch heute noch das Wesensbild der Bobos. Darüber hinaus hat sich in vergangener Zeit ein Trend etabliert, bei dem auch im Berufsleben versucht wird, den Bobo und damit seine Kreativität und seinen Individualismus zu fördern. Die Firma *DreamWorks*, die animierte Zeichentrickfilme herstellt, streicht intern alle Titel, weil sie ihnen eine zu hierarchische Atmosphäre verbreiten. Starre Strukturen werden niedergerissen und dezentralisierte Systeme mit Partizipationsmöglichkeit angestrebt. Unter dem Fachbegriff „Ensemble-Individualismus" werden große Gesellschaften in kleine, flexible Abteilungen zerlegt. Rolltreppen und breite Stiegenhäuser sollen den freundlichen Smalltalk fördern. In anderen Unternehmen liegt auf allen Konferenztischen Packpapier, damit jeder jederzeit jeden Einfall zu Papier bringen kann. Kreativität wird in vielen Branchen als neuer Schlüssel zur Produktivität gesehen. So eignet sich z. B. der „*Lego/Playmobil*-Test", um Bewerber auf kreative Fähigkeiten zu testen. Einige Unternehmen haben „Spaßzimmer" oder ein „Gedankentheater" eingerichtet, um alte Probleme mit neuen Augen zu sehen und die Kreativität zu fördern.

Eine weitere Begleiterscheinung des „Boboismus" ist die freizügige Art, mit Sexualität umzugehen. Sexualität wird nicht nur als der Gesellschaft nützliche Aktivität gesehen, sondern trägt auch zum tieferen moralischen Verständnis bei. Bei den Bobos muss eben das Vergnügen immer einem Zweck dienen. Die Einstellung zur Religion hat sich ebenfalls geändert, so sind Fitnessclubs und Museen die neuen Kathedralen der Bobos. Die einen helfen bei der Ertüchtigung des Körpers, die anderen bei der des Geistes. Das Weltliche wird höher geachtet als das Religiöse. Freizeit und Freizeitgestaltung hat eine andere Bedeutung erlangt. Bei vielen Bobos vermischen sich die Grenzen zwischen Freizeit und Beruf, da es ja auch im Beruf um Selbstverwirklichung und Ausleben der eigenen Kreativität geht. Manchmal muss der Bobo für die Möglichkeit, sich im Job selbst zu verwirklichen, sogar mit einem sogenannten „Status-Einkommen-Ungleichgewicht" bezahlen. Sein gesellschaftlicher Status ist dann viel höher als sein Einkommen, welches wiederum, auch wenn es nicht besonders hoch ist, gerne für Reisen und „Extremurlaube" verwendet wird. Denn Bobos lieben es, in andere Kulturen einzudringen und andere Leben anzuprobieren. Dabei ist es total „in", sich auch Qualen und Schmerz auszusetzen, wenn es der wahren Erkenntnis und der Bereicherung dient. Quasi nach dem Grundgedanken von Hermann Hesses „Siddhartha", nach dem man das wahre Glück erst dann erleben kann, wenn man „ganz tief unten" gewesen ist. Zu solchen Freizeitbetätigungen zählen z. B. Märsche über Gletscher oder durch öde Wüsten sowie Erkundungen des Regenwalds, umgeben von gefährlichen Insekten. Dabei ist „Ernsthaftigkeit" das höchste Prädikat, mit dem Bobos Freizeitaktivitäten belegen können.

Die seltsame Mischung aus Flexibilität und Freiheit auf der einen Seite und Sehnsucht nach Strenge und Orthodoxie auf der anderen ist die treibende Kraft der Bobos. Dieser individualistische Pluralismus ist die Grundlage der Spiritualität eines Bobos. Die Anhäufung spiritueller Höhepunkte – der „Peak Experiences" – kann zur Sucht werden und stellt damit sogar den Drang nach immer mehr Geld und Macht in den Schatten. So leben die Bobos ein Leben der ewigen freien Wahl und der ewigen Sehnsucht, welche von dem unstillbaren Verlangen getrieben wird, die nächste Möglichkeit auszuprobieren. Dabei versuchen sie dem Konflikt aus dem Weg zu gehen, ziehen das Bekannte dem Unbekannten und das Konkrete dem Abstrakten vor. Sie sind verantwortungsbewusst und mögen religiöse Rituale, aber keine unabänderlichen moralischen Restriktionen. Größe und Fairness stehen hoch im Kurs.

Es gibt freilich auch kritische Stimmen zum Thema „Boboismus". So prangert Eberhard Lauth in dem Monatsmagazin *Wiener* die scheinbar aufgesetzte Coolness der Zielgruppe an und bezeichnet den Bobo sarkastisch als „einzigartiges, aus medial kommunizierten Lifestylecodes gehauenes Kunstwerk von einem Menschen".

Die Bobos sind ein Beispiel für ein aktuelles und weit verbreitetes Lebensstilkonzept. Das bedeutet, dass man diese Zielgruppe nicht einfach anhand demografischer Faktoren (Alter, Geschlecht, Einkommen, Bildung etc.)

beschreiben kann. Es können nach außen hin völlig unterschiedliche Personen der Zielgruppe der Bobos angehören, wenn sie dem gleichen lebensbereichübergreifenden Lebensstil folgen.

Ähnlich wie die zehn SINUS-Milieus [36] oder die VuMA [37], sind die Bobos für Marketingstrategien vor allem deshalb interessant, weil sie neben einem eigenständigen Konsumverhalten auch charakteristische Wünsche, Bedürfnisse, Motivationen sowie ein neuartiges Stilempfinden aufweisen. [38]

Holm Friebe und Sascha Lobo gehen in ihrem Buch „Wir nennen es Arbeit" noch einen Schritt weiter und analysieren einen Lebensstil, der sich aus den Bobos entwickelt hat: die digitale Boheme. Diese modernen Freigeister leben dank Internet und Web 2.0 [39] ein Leben jenseits der Festanstellung und arbeiten dadurch ortsunabhängig und zeitlich meist auf Projekte beschränkt. Da diese Zielgruppe sehr viel Zeit vor einem Rechner verbringt und digitale Informationen in rauen Mengen konsumiert, kann man sie sehr gut mit ausgefallenen digitalen Marketingaktivitäten erreichen.

digitale boheme >> wir nennen es arbeit holm friebe / sascha lobo, heyne verlag ISBN-13: 978-3-453-12092-1 2. auflage 2006

[36] Anmerkung: Die SINUS-Milieus werden ebenfalls dazu genutzt, um Konsumenten über die traditionellen demografischen Faktoren (Alter, Bildung, Einkommen, ...) hinaus zu segmentieren. Im Vordergrund stehen persönliche Werte und der Lebensstil. Man unterscheidet gesellschaftliche Leitmilieus (etablierte, postmaterielle, moderne Performer), traditionelle Milieus (konservative, traditionsverwurzelte, nostalgische), Mainstream-Milieus (bürgerliche Mitte, Konsummaterialisten) und hedonistische Milieus (Experimentalisten, Hedonisten) – vgl. Raschke, Marc (2005), S. 68ff.
[37] Die Verbrauchs- und Medienanalyse (VuMA) unterscheidet markenbewusste, trendorientierte, preisorientierte Konsumtypen und High-End-Consumer.
[38] vgl. Bertsch, Oliver (2002), S. 15
[39] Anmerkung: Unter Web 2.0 wird eine neue Bewegung im Internet verstanden, mit der die User selbst anhand leicht verständlicher kostenloser Technologien Websites, Webshops, Blogs etc. erstellen und betreiben können und auf keine technische Unterstützung von Experten angewiesen sind.

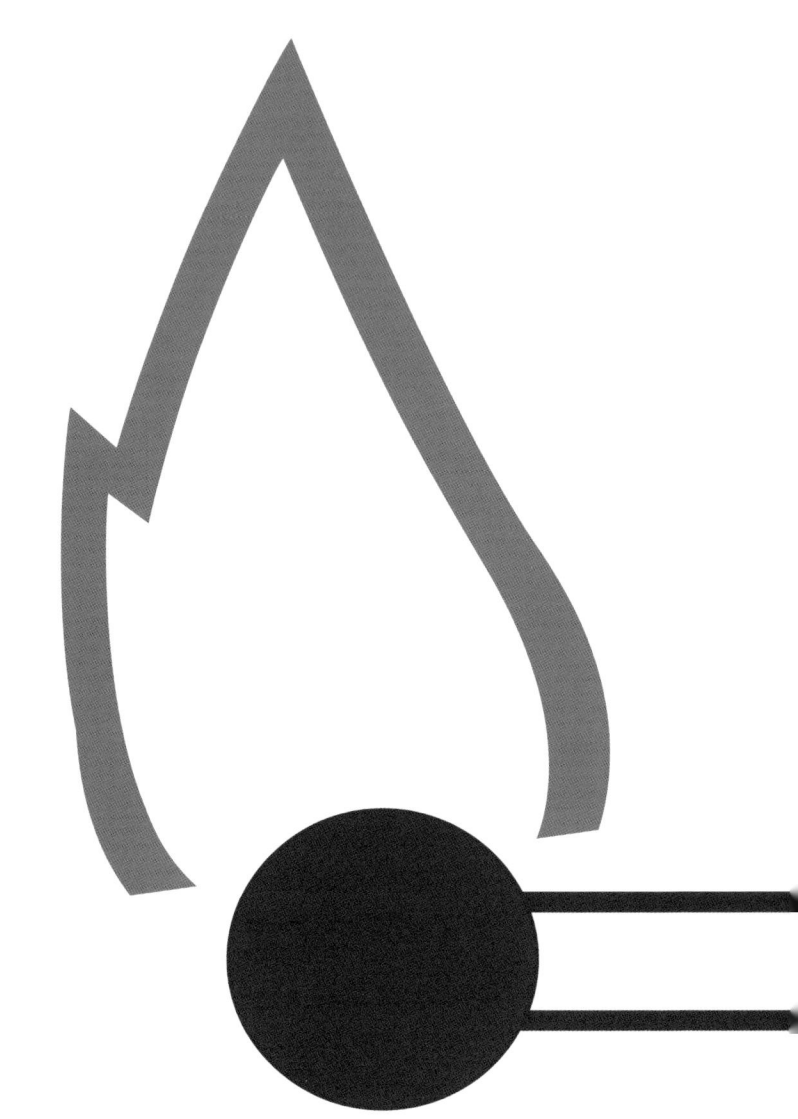

Kapitel 2

/// Empirische Studie:
Guerilla Marketing in Österreich

/// Forschungsfragen und Antworten

Der Autor dieser Publikation hat im Rahmen seiner Diplomarbeit im Jahr 2005 den österreichischen Markt in Form einer empirischen Studie zum Thema „Guerilla Marketing" untersucht. Dazu wurden 44 Experteninterviews mit Marketingleitern entsprechender Unternehmen, aber auch Professoren durchgeführt. In diesem Kapitel werden die Forschungsfragen und die Ergebnisse präsentiert.

> **FORSCHUNGSFRAGE 1:** Welche Unternehmen betreiben Guerilla Marketing in Österreich und was wird in Österreich unter Guerilla Marketing verstanden?

Grundsätzlich wird Guerilla Marketing in Österreich von den verschiedensten Unternehmen in Bezug auf Größe und Branche betrieben. Man kann jedoch sagen, dass in Österreich ungefähr gleich viel Klein- und Mittelbetriebe Guerilla Marketing anwenden wie Großunternehmen. Mittlere Betriebe (11–99 Mitarbeiter) wenden Guerilla Marketing mit Abstand am wenigsten an. Diese Analyse bezieht sich auch auf den „Non-Response", also auf Unternehmen, die zwar für die Studie ausgewählt wurden, jedoch nicht teilgenommen haben. Bei den Großunternehmen sind die meisten international tätig.

Außerdem wird Guerilla Marketing hauptsächlich in der Dienstleistungsbranche und in Branchen, die Werbeverboten unterliegen, sowie Branchen mit geringem Marketingbudget (Non-Profit-Unternehmen) angewendet.

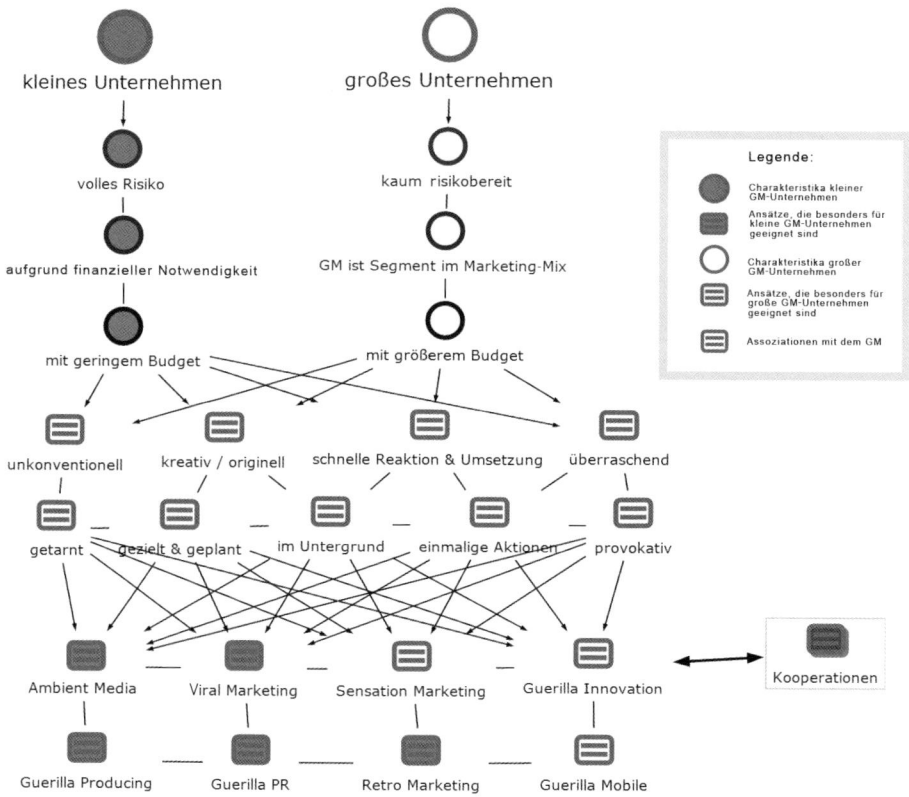

>> *Ausprägungen, Wesen und Anwendungsansätze des Guerilla Marketings*

Guerilla Marketing wird in Österreich in zwei Ausprägungen praktiziert: einerseits von kleinen Unternehmen, die risikobereit sind und Guerilla Marketing aufgrund ihres geringen Marketingbudgets als Notwendigkeit betreiben, und andererseits von großen Unternehmen, die kaum Risiken eingehen und Guerilla Marketing als zusätzliches Segment im Marketing-Mix, meist begleitend zu klassischen Kampagnen, betreiben und dabei auch mit einem größeren Budget arbeiten. Die Risikobereitschaft bezieht sich dabei sowohl auf das Einholen von Genehmigungen, also auf die Legalität der Aktionen, als auch auf den Response der Zielgruppe und etwaige Probleme, die während der Realisierung auftreten können. Da sich Guerilla Marketing abseits der üblichen Pfade bewegt und immer wieder völlig neue Projekte betrifft, ist das Konfliktpotenzial grundsätzlich höher als beim klassischen Marketing. Guerilla Marketing wird als kreatives Marketing verstanden, das sich unkonventioneller Kommunikationskanäle bedient und dabei den Konsumenten in Lebenssituationen erreicht, in denen er nicht mit Marketing gerechnet hätte. Im ersten Augenblick erkennt der Konsument oft nicht, dass es sich um eine Marketingaktivität handelt. Er wird durch gezielt gesetzte Impulse überrascht. Dabei kann Guerilla Marketing auch einen provokativen Charakter aufweisen oder mit „Untergrund-Marketing" assoziiert werden. Guerilla-Marketing-Aktivitäten bestechen durch ihre Einzigartigkeit bzw. Neuheit und eignen sich, um kurzfristig auf Markteinflüsse zu reagieren. In Österreich wird Guerilla Marketing hauptsächlich im Bereich von Ambient Media, also im öffentlichen Raum, angewendet. Dabei werden oft durch Kooperationen mit anderen Unternehmen Synergien genützt, um die Effektivität eines Guerilla-Projekts zu erhöhen.

FORSCHUNGSFRAGE 2: An welche Zielgruppe richtet sich Guerilla Marketing in Österreich? Inwieweit stellen die Bobos eine relevante Zielgruppe für Guerilla Marketing dar?

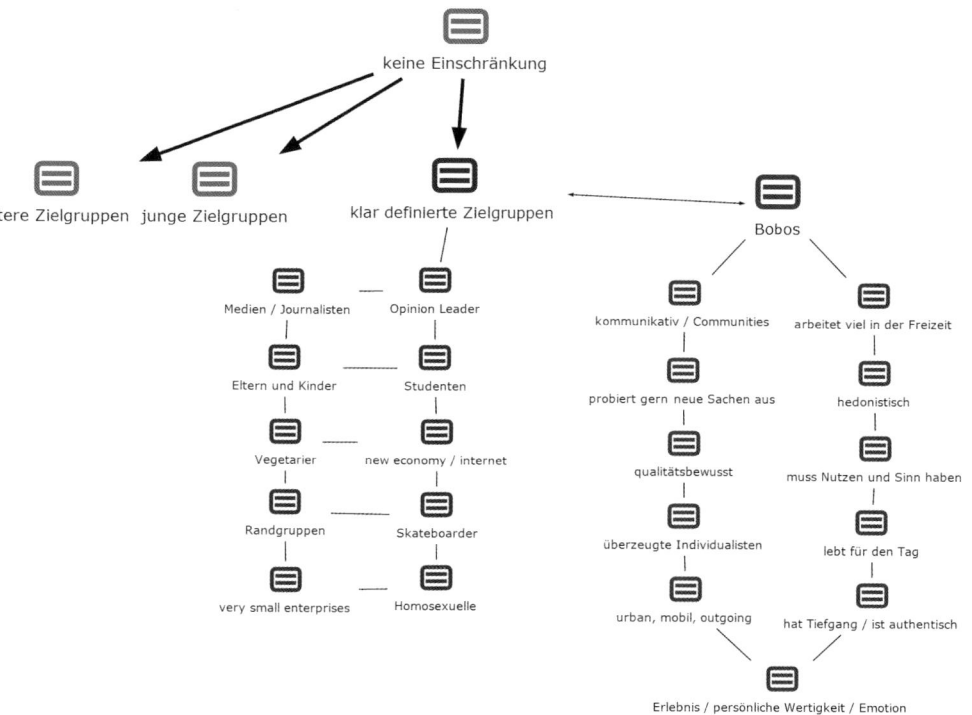

Grundsätzlich eignen sich für das Guerilla Marketing alle Zielgruppen. In der österreichischen Guerilla-Marketing-Praxis werden jedoch überwiegend jüngere und klar definierte Zielgruppen (wie Studenten, Journalisten, einzelne Szenen) angesprochen. Diese Zielgruppen sind von ihrem Lifestyle her Hedonisten, Experimentalisten und moderne Performer und entsprechen somit dem Lifestylekonzept der Bobos (vgl. Seite 97). Die Abbildung fasst die Forschungsfrage 2 grafisch zusammen.

FORSCHUNGSFRAGE 3: Welche Ziele werden mit dem Einsatz von Guerilla Marketing in Österreich verfolgt?

Die folgende Abbildung fasst die Ziele des Guerilla Marketings zusammen: betriebsinterne Ziele, wie innovative Marktpositionierung oder ein Produkt erlebbar machen; Ziele, die im Zusammenhang mit den Konsumenten stehen, also zum Beispiel qualitativen Kundenkontakt generieren, Nischen erschließen, dort für Aufmerksamkeit sorgen und damit Mund-zu-Mund-Propaganda auslösen; betriebsinterne bzw. persönliche Ziele, wie die Steigerung des Ansehens innerhalb eines Unternehmens durch Guerilla-Marketing-Projekte.

Die Gegenargumente betreffen hauptsächlich Probleme, die bei der Realisierung eines Guerilla-Marketing-Projekts entstehen. Auch das Gegenargument der mangelnden Messbarkeit und der geringen Reichweite kann

man nicht gelten lassen. Es gibt sehr wohl Möglichkeiten, Guerilla-Marketing-Aktivitäten zu messen. Dabei muss man jedoch beachten, dass die Messbarkeit sehr stark von den Zielen abhängt, die man mit einer Guerilla-Marketing-Aktion verfolgt. Ist dieses Ziel z. B., ein Image aufzubauen oder zu festigen, wird es durchaus schwer sein, dies zu messen. Jedoch ist dies kein Spezifikum des Guerilla Marketings, sondern betrifft das Marketing allgemein. Guerilla Marketing ist auch kein Instrument, um sehr viele Menschen anzusprechen, sondern soll bloß kleinere, genau definierte Dialoggruppen erreichen. Insofern ist auch die geringe Reichweite kein Gegenargument.

Man muss sich jedoch vor Augen halten, dass Guerilla Marketing kein leicht anzuwendendes Instrument ist. Es erfordert sehr viel Wissen und Feingefühl. Darüber hinaus ist die Realisierung von Guerilla-Marketing-Aktivitäten mit einem sehr hohen Aufwand verbunden und erfordert das Ausbrechen aus gewohnten Bahnen. Dies ist bei großen Unternehmen problematisch. Deswegen wird Guerilla Marketing hauptsächlich von Unternehmen angewandt, deren Mitarbeiter sehr motiviert sind, einmal etwas Außergewöhnliches auszuprobieren, und bereit sind, viel (teilweise unbezahlte) Zeit in ein risikoreiches Projekt zu investieren. Aus diesem Grund wird Guerilla Marketing auch heute noch relativ selten praktiziert.

> **FORSCHUNGSFRAGE 4:** Welches sind die relevanten Umfeldbedingungen für Guerilla Marketing in Österreich?

Die Beantwortung der Forschungsfrage 4 beschäftigt sich mit der Planung und Realisierung von Guerilla-Marketing-Projekten. Dabei wird auch auf die Risikobereitschaft und die rechtlichen Aspekte im Guerilla Marketing eingegangen. Um ein Guerilla-Marketing-Projekt realisieren zu können, braucht man in erster Linie die richtige Idee und ein klares Konzept sowie ein passendes Team. Dieses Team sollte im Idealfall ein Mix aus verschiedenen Charakteren sein, also zumindest ein Kreativer und ein strukturell denkender Realist. Entweder man kennt die Zielgruppe sehr genau, ist selbst Teil der Zielgruppe oder zieht Vertreter der Zielgruppe als Feedbackgruppe hinzu. Bevor es mit der konkreten Realisierung losgeht, sollte man noch den Markt analysieren, den richtigen Zeitpunkt und Ort wählen, das eigene Produkt analysieren und den Konsumenten aktiv mit einbeziehen. Empfehlenswert ist auch, dem Konsumenten einen persönlichen Nutzen aus der Aktion zu gewähren. Guerilla Marketing ist bei kleineren und familiär geführten Unternehmen einfacher zu realisieren. Bei großen Unternehmen müssen mehrere Voraussetzungen gegeben sein (wie offene Firmenkultur, Verständnis der Vorgesetzten etc.).

Grundsätzlich sind Unternehmen, die Guerilla Marketing betreiben, risikofreudig, wenn es darum geht, neue Wege auszuprobieren und gesetzliche Grauzonen auszunützen. Die Aktionen müssen jedoch im weitesten Sinne ethisch korrekt sein. Risikoreiche und grenzlegale Aktionen erwecken mehr Aufsehen.

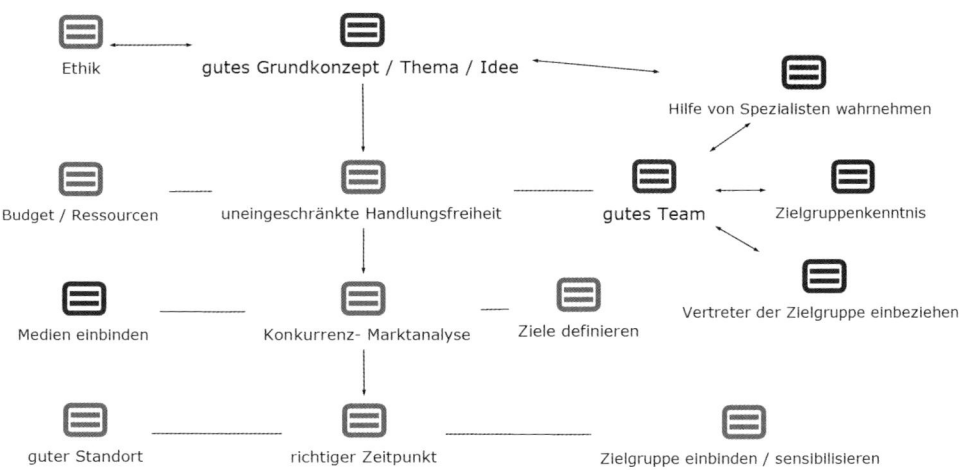

WEITERE ANMERKUNGEN DER RESPON-
DENTEN ZUM GUERILLA MARKETING

Am Ende der Interviews hatten die Respondenten die Möglichkeit, etwaige Aspekte des Guerilla Marketings anzuführen, die während der Befragung zu kurz gekommen sind:

Guerilla Marketing sollte integriertes Marketing sein, das heißt PR, Werbung, Promotion, Preispolitik und Vertrieb sollten aufeinander abgestimmt sein und zusammenarbeiten. Die einzelnen Teilbereiche müssen wie bei einem guten Essen oder Konzert richtig aufeinander abgestimmt werden. Dabei können beispielsweise PR-Projekte für Werbung und umgekehrt genützt werden.

Die Zielgruppe muss zuerst genau studiert werden (explore), danach kann man mit der Zielgruppe in Kontakt treten (touch) und erst dann mit einer Guerilla-Marketing-Aktion zuschlagen (attack). Dies kann entweder in Form eines „Stecknadel-gezielten" Angriffs oder einer sehr auffälligen, breit angelegten Aktion verwirklicht werden. In weiterer Folge kommt dann der virale Charakter des Guerilla Marketings zum Vorschein. Guerilla Marketing gilt als flexibles Tool, um auf Kundenwünsche zu reagieren. Dabei sind regionale Unterschiede zu beachten. Tagesabläufe der Konsumenten, von ihnen genutzte Netzwerke und andere Detailkenntnisse des Markts sollten zu diesem Zweck bekannt sein. Guerilla Marketing ist eine authentische Form des Marketings, jedoch sollte man seine Wirkung nicht überschätzen.

Guerilla Marketing ist ein Produkt unserer Gesellschaft bzw. unserer Zeit und würde in Entwicklungsländern nicht funktionieren. Man sollte auf jeden Fall dem Kunden mit entsprechendem Respekt begegnen und ethisch korrekt handeln (wenn es um werbefreie Zonen geht). Guerilla Marketing ist aufwendig, zahlt sich aber aus. Widerstand im Betrieb kann sich durchaus positiv auf das Guerilla Marketing auswirken. Denn gerade dann ist man bemüht, eine optimale Guerilla-Marketing-Aktion zu realisieren, um es sozusagen den kritischen Stimmen im Unternehmen „zu zeigen". Grundsätzlich sollte man sich mehr trauen und weniger denken, um das Statement „Österreich ist zu konservativ für Guerilla Marketing" zu widerlegen.

Bei NGOs hat der Begriff Guerilla Marketing eine andere Bedeutung, weil hier eigentlich kein Marketing, sondern Aktionismus betrieben wird. Manchmal können NGOs auch als Basis für Guerilla-Marketing-Aktionen anderer Unternehmen dienen (wie *Life Ball*).

Man muss aufpassen, dass Guerilla Marketing in Zukunft nicht Mainstream wird und dadurch an Glaubwürdigkeit verliert. In Zukunft werden vor allem Markenwerte und Image wichtige Ziele im Marketing sein und das Mobile Marketing wird stärker an Bedeutung gewinnen.

/// Schlussbetrachtungen

ZUSAMMENFASSUNG DER ERGEBNISSE

Guerilla Marketing ist eine kreative und schnell durchführbare Form des Nischenmarketings. Dabei wird gezielt eine abgegrenzte Zielgruppe in Situationen angesprochen, die unerwartet und unüblich sind. Oft merkt die Zielgruppe gar nicht, Teil einer Marketingaktion zu sein, und wird erst nach und nach aufgeklärt. Es geht also stark um den Überraschungseffekt. Beim Guerilla Marketing wird in erster Linie nicht Geld, sondern in eine einzigartige Idee investiert. Deswegen können die Kosten für die Realisierung sehr gering gehalten werden. Somit eignet sich Guerilla Marketing besonders für Klein- und Mittelbetriebe. Die Idee, die dahintersteckt, muss sehr außergewöhnlich und authentisch (im Bezug auf die Zielgruppe und das Produkt) sein, um „Word of Mouth" bzw. PR zu generieren und somit die nötige Reichweite zu gewährleisten. Ohne diese mediale oder soziale Kettenreaktion ist das Guerilla Marketing relativ wirkungslos. Aufgrund dieser Einschränkung wird Guerilla Marketing vor allem in einem lokalen und urbanen Markt eingesetzt und wird meistens durch Aktionismus an stark frequentierten öffentlichen Orten realisiert. Dabei wird dem Konsumenten oft ein wertvoller Zusatznutzen geboten.

Guerilla Marketing ist nicht nur zielgruppenspezifisches Marketing, sondern kann auch ein Profitieren vom Marketing des Stärkeren sein. Somit bewegt sich Guerilla Marketing manchmal am Rande der Legalität. Dies wiederum setzt eine erhöhte Risikobereitschaft der Durchführenden voraus. Diese Voraussetzung findet man in den meisten Klein- und Mittelbetrieben bzw. in flexiblen und aufgeschlossenen Großbetrieben. Hier wird Guerilla Marketing überwiegend als begleitende Maßnahme zu klassischen Kampagnen verwendet, um die Aufmerksamkeit zu erhöhen und die „Coolness" bzw. das „Image" der Kampagnen zu steigern.

Guerilla Marketing kann auch ein effektives Tool sein, um Mitarbeiter zu motivieren, einerseits durch interne Aktionen (wie bei der Weihnachtsfeier) oder durch Mitwirken an einer an den Kunden gerichteten Aktion, da das Guerilla Marketing gleichzeitig einen Ausbruch aus gewohnten Bahnen bedeutet.

Ohne ein kreatives Team und eine zündende Idee kann man kein Guerilla Marketing betreiben. In großen Unternehmen kommt es auch vor, dass einige Marketingleiter einmal etwas anderes ausprobieren wollen und sich durch Guerilla-Marketing-Aktivitäten mehr Ansehen erwarten. Wenn eine Branche oder ein Markt mit klassischer Werbung gesättigt ist, ist dies eine gute Voraussetzung, Guerilla Marketing anzuwenden. Es kann auch ein aktueller Anlass (wie Aktionstage) Ursache für eine Guerilla-Marketing-Aktion sein. Oft sind auch Kooperationen mit anderen Unternehmen (oder Netzwerken) und die damit verbundene Möglichkeit, Synergien zu nützen, Auslöser für den Einsatz des Guerilla Marketings. Grundsätzlich sind der Wunsch nach individueller Marktpositionierung und der nach Imageaufbau wesentliche Ziele des Guerilla Marketings. Kundenseitig sind die heutzutage durch banale Werbung genervten Konsumenten, die auf klassische Maßnahmen kaum noch ansprechen, eine Umfeldbedingung für das Guerilla Marketing.

LIMITATIONEN DER STUDIE UND ETHISCHE EINSCHRÄNKUNGEN

Obwohl zum Thema Guerilla Marketing als alternative Marketingform viel praxisbezogene Literatur in Form von Büchern und Fachartikeln existiert und auch die Anwendungshäufigkeit dieser Instrumente in Ländern wie Deutschland empirisch dargelegt wurde, fehlt es bis dato an wissenschaftlichen Beiträgen, die sich mit der Thematik inhaltlich auseinandersetzen und die Ziele bzw. Hintergründe des Guerilla Marketings analysieren. Zudem fehlt es an Publikationen österreichischer Autoren zum vorliegenden Thema. Aufgrund der fehlenden Theorie baut der Autor auf praxisbezogene Literatur sowie Theorie aus verwandten Forschungsbereichen auf.

Bei der Stichprobenauswahl wurden überwiegend große Unternehmen ausfindig gemacht. Große Unternehmen stehen stärker in der Öffentlichkeit und etwaige alternative Marketingaktionen sind für Außenstehende leichter zugänglich als Aktionen kleiner und mittlerer Betriebe. Der Autor hat jedoch durch die Einbeziehung externer Experten versucht, möglichst viele Klein- und Mittelbetriebe in die Befragung zu integrieren, die den überwiegenden Großteil der Unternehmen in Österreich stellen. Im Rahmen dieser Studie nahmen Vertreter der unterschiedlichen Unternehmensgrößen an der Befragung teil. Es fällt aber auf, dass vor allem mittlere Betriebe mit einer Mitarbeiterzahl zwischen 11 und 99 kaum Guerilla Marketing zu betreiben scheinen. Nicht gänzlich ausgeschlossen werden kann, dass die Stichprobenauswahl selbst zu diesem Ergebnis geführt haben mag, etwa weil mittlere Unternehmen systematisch nicht einbezogen wurden. Durch gewissenhaftes Vorgehen bei der Praxisrecherche hofft der Autor aber, die tatsächliche Situation in Österreich zu erfassen. Dementsprechend würde das die Marketingrealität in Österreich widerspiegeln, wonach vornehmlich kleine Unternehmen (zumeist als Hauptstrategie) und große Unternehmen (im Regelfall als ein taktischer Ansatz unter vielen) Guerilla Marketing betreiben.

Einige Experten haben den Begriff Guerilla Marketing im Zuge der Interviews zum ersten Mal gehört, andere waren sich nicht dessen bewusst, dass sie Guerilla Marketing praktizieren, und haben den Begriff mit illegalen Aktionen assoziiert. Darüber hinaus nahmen einige Unternehmen an der Befragung teil, die Guerilla Marketing nur zu einem sehr geringen Prozentsatz praktizieren. Dadurch sind auch Ansichten von Personen in der Studie enthalten, die der Thematik neutral gegenüberstehen. Trotzdem ist die Studie auf Respondenten limitiert, die sich in irgendeiner Form mit kreativen Marketingkonzepten befassen.

Guerilla Marketing ist durch seine Vielfältigkeit auch von zahlreichen Gegensätzen gekennzeichnet und könnte beim Leser den Eindruck von Widersprüchen erwecken. Diese Gegensätze konnten als Teilaspekt der Charakteristik des Guerilla Marketings identifiziert werden. Dennoch wirft die behandelte Thematik zweifelsohne auch wesentliche ethische Fragen auf. Zum Themenbereich „Guerilla Marketing und Ethik" konnte keine Literatur gefunden werden. Weder Bücher noch Fachartikel oder Onlineaufsätze sind zugänglich, wie eine Literaturrecherche ergab. Aus diesem Grund wird an dieser Stelle eine ethische Sichtweise des Guerilla Marketings aus der klassischen Marketingliteratur abgeleitet.

Ethik versteht sich als Wissenschaft, die sich mit Fragen der Moral beschäftigt. Die Moral wiederum resultiert aus den in einer Gemeinschaft gültigen Werten und Normen. Aufgrund des zunehmenden Wettbewerbsdrucks, der daraus resultierenden Notwendigkeit, immer stärker sichtbare Aktivitäten zu setzen, um von der Zielgruppe wahrgenommen zu werden, sowie der zunehmenden technischen Möglichkeiten fallen Entscheidungen über Marketingaktivitäten immer öfter in einen ethischen Graubereich, in dem die Abgrenzung zwischen „richtigem" und „falschem" Handeln unklar ist. Dieser Graubereich kann im Guerilla Marketing eine Rolle spielen, weil der Marketer gezielt provozieren und kontroverse Diskussionen auslösen möchte. Guerilla Marketing stellt dabei vereinzelt gängige Moralvorstellungen infrage und durchbricht diese in manchen Fällen sogar. Einen ähnlichen Zugang findet man durchaus auch in anderen Bereichen, wie etwa dem Journalismus oder der Kunst. Auch diesen geht es um das Spiel mit bzw. das Infragestellen von Alltäglichem oder Gewohntem, ohne dass dabei aber moralische oder gar rechtliche Grenzen überschritten werden.

/// Ausgewählte Praxisbeispiele der Experten

In diesem Kapitel finden sich ergänzende Transkriptionen ausgewählter Experteninterviews, welche der Autor im Rahmen der empirischen Studie durchgeführt hat (Stand 2005).

HUTCHISON/DREI:

Es gibt ein paar Guerilla-Aktionen, die ich sehr schätze, das eine waren unsere Kollegen in England: *Vodafone* hatte angekündigt … eine große Pressekonferenz und hat 40 Top-Journalisten aus UK eingeladen, und als die Pressekonferenz zu Ende war, standen vor der Tür 40 Taxis, die von *Drei*, also *Hutchison*, bezahlt oder gekauft waren – und es scheint dort offensichtlich ein großes Problem zu sein, Taxis zu bekommen, das heißt, die Journalisten waren heilfroh, diese Taxis vorzufinden, und der Taxifahrer kannte sich ziemlich gut aus, was *Hutchison* angeht, und hat dann mit den Journalisten ein eindringliches Gespräch geführt. Das ist die seriöse Art. Also *Vodafone* und *Hutchison* sind die größten Konkurrenten.

Also z.B. bei den ersten Gehversuchen von *Burger King* in Wien hat *McDonald's* die „Hare Krishnas" hingeschickt, um gegen das Rinderschlachten zu demonstrieren. Also wie weit gehst du? Ich muss immer wissen, was für Folgen das hat, und dann muss ich wissen, mache ich es offiziell oder mache ich es inoffiziell, und ich bin immer der Meinung, dass inoffiziell viel wirksamer ist. Sei es wie der Peter Siegel die ganzen Bäume vorm MuseumsQuartier in Fell eingepackt hat, damit ihnen nicht zu kalt wird. Je legaler, je offizieller, je inszenierter du es machst, desto mehr verliert es an GM.

Zum Beispiel haben wir mal einen Kinospot gemacht, der ging so: Da hatten wir die Frau Anna von *FM4*, die Station Voice – und dann gab es noch den Ingenieur Kaida, das ist der Typ, der die Straßenbahnstationen- und U-Bahn-Durchsagen macht. Die zwei hatten wir als Sprecher und das war ein Spot, der so gegangen ist: „Liebe Kinobesucher, jetzt startet gleich Ihr Film, deswegen ersuchen wir alle Menschen, die nicht bei *Drei* sind, ihr Handy auszuschalten, und alle Menschen, die bei *Drei* sind, ersuchen wir, ihr Handy, ihr Navigationssystem, ihren Videoplayer, ihren Mp3-Player auszuschalten." Da wurden dann alle Features aufgezählt, um einfach einmal den Unterschied klarzumachen. Der lief im Kino und hat gut gefallen und dann gab es den bei der *Viennale*, wo *A1* der Hauptsponsor war, und den haben wir dann im Rahmen dieser *Viennale* auch geschalten, was so gesehen Guerilla war, weil einer der Hauptsponsoren *A1* war und wir mit dem ersten Spot eigentlich *A1* „ans Bein gepinkelt" haben. Es war so eine Depositionierungsmaßnahme, um sich selbst zu positionieren und die anderen ein bisschen zu depositionieren.

DIE GRÜNEN:

Wir wurden im Wahlkampf immer wieder mit Vorurteilen gegen die Grünen konfrontiert: Die Grünen seien Autohasser, es gäbe eine Zwangsvegetarisierung, wenn die Grünen an die Macht kommen, sie sind einfach Sozialromantiker – und diese Vorurteile haben wir versucht zu brechen, weil sie im Wahlkampf immer wieder gekommen sind. Da haben wir eine Aktion gestartet und haben einen eigenen Laden aufgemacht. Ganz schnell, bei uns im Grünen Parteihaus, und haben alle diese Sprüche, die von anderen Parteien gekommen sind, einfach für uns selbst verwendet und haben T-Shirts daraus gemacht, haben Taschen daraus gemacht und haben es beworben durch Zeitungsartikel. Wir haben versucht, das in den Zeitungen unterzubringen. Das hat irrsinnig gut funktioniert. Angefangen hat die Aktion wie im Bundespräsidentschaftswahlkampf Ferrero-Waldner gegen Fischer – und da hat sie im Interview gesagt, sie ist es nicht geworden, weil die linken Emanzen hätten das verhindert. Da haben wir T-Shirts gemacht mit „linke Emanzen", die haben sich 3.000 Mal verkauft – die Vorwürfe umgedreht und die Vorurteile gebrochen und als eigene Waffe verwendet. Und diesen Shop gibt es jetzt immer noch. Läuft sehr gut. Gerade in der Weihnachtszeit kaufen das sehr viele Leute und wir machen auch laufend neue Sprüche darauf.

Die Grünen müssen sich auf Guerilla Marketing in dem Sinn relativ stark beziehen, denn als kleinste Partei hat sie nicht das große Geld. D.h. wir können nicht die ganzen großen Kampagnen machen – das ist zu teuer –, sondern müssen versuchen, aktionistische Aktionen zu machen. Ein Beispiel war auch eine kleine Kampagne, das hieß „Pink Sheep of the Family". Da ging es um eine Gleichstellung der Homosexuellen. Da haben wir ein Schaf, also mehrere Schafe rosa angemalt, 20 Schafe, und haben die vor die ÖVP-Zentrale getrieben. Das hat auch eine sehr große Medienaufmerksamkeit gebracht. Rosa angesprühte Schafe – natürlich alles ökologisch und tierschützerisch geprüft, natürlich, das war für die Grünen wichtig – haben wir vor die ÖVP-Zentrale getrieben und einen Stall quasi davor gebaut und das hat auch sehr viel Medienpräsenz gehabt. Also wie gesagt die Grünen müssen sich auf solche Sachen ganz stark konzentrieren, weil sie einfach nicht das Geld und den Einfluss haben. Wir können nicht den ORF anrufen und sagen, ihr müsst unbedingt darüber berichten. Wir müssen versuchen, verstärkt Aufmerksamkeit für solche Sachen zu bekommen.

VIENNALE:
Wir haben Tattoos produzieren lassen, die gut zum Sujet gepasst haben, das war so ein massiver Kopf von einem Stier. Das war in einem dunklen Blau und find ich ein sehr starkes und klassisches Tattoo-Sujet. Das hat z. B. gut funktioniert und – der Witz oder das Geheimnis ist dabei, sich das auch draufzudrücken, also das ist verbunden mit einer totalen Freiwilligkeit – das war sehr gelungen, hat gut funktioniert. Die Leute haben das sehr viel getragen, hat sich sehr bewährt.

Wir haben eine Sprayaktion gemacht. Das hat sich ergeben mit dem Menschen, mit dem wir seit vielen Jahren Plakatierungen in der Stadt machen. Und mit dem sind wir zusammengesessen und haben uns überlegt, welche Spuren wir in der Stadt lassen können oder so unvermutete Signale auftauchen lassen können. Die *Viennale* findet nur zwei Wochen statt und wir haben nur relativ kurz Zeit, um einen großen Impact zu erreichen, und setzen dabei ganz stark auf das jeweilige Sujet und auf die jeweilige Kampagne und zu dem Zeitpunkt war das eben so ein Spürhund und da war die Assoziation: Spürhund und diese Markierungen auf der Straße – und wir dachten, dass das zum Festival passt, zur Zielgruppe passt und zu dem Sujet und zur Ästhetik. Wir haben also das *Viennale*-Logo auf frequentierten Straßenzügen mit farbigem Haarspray auf den Gehsteig gesprayt und hatten dazu keine Genehmigung. Es war auch nicht das Ziel der Nachhaltigkeit; auf manchen Straßen haben die Logos länger gehalten, als wir uns das gedacht hätten. Sollte auch verschwinden. Also wenn das am nächsten Tag verschwunden wäre, wäre es auch o. k.

LE MERIDIEN:
Vier Monate, bevor das Hotel eröffnet hat, haben wir vor der Oper auf der Ringstraße 40 Schaufensterpuppen aufgestellt, die richtig geschminkt waren: schwarz gekleidet mit einem orangen Halstuch und am T-Shirt stand: „Opening 11. 11. *Le Meridien*". Obwohl es an einem Samstag aufgestellt wurde, waren wir bereits am Sonntag in der *Krone* und im *Kurier* und es gab einen

riesigen Auflauf; und nach zwei Wochen hat jeder Taxifahrer gewusst, dass da ein 5-Sterne-Hotel aufsperrt. 24 Stunden standen die da, von einem Security bewacht. Die Idee kam von einer Event-, einer Presseagentur und mir selber und wie wir daraufgekommen sind, weiß ich nicht mehr. Das Ganze hat uns ca. 6.000 Euro gekostet. Bevor die da standen, haben wir einen jungen, hübschen Schauspieler engagiert, der mit einer sitzenden Puppe in der Limousine von einem Lokal zum anderen gefahren ist und überall mit ihr Kaffee getrunken hat. Jeder, der ihn angesprochen oder gefragt hat, hat einen Zettel bekommen, dass ein Hotel aufsperrt.

Vier Tage, bevor das Hotel aufgemacht hat, haben wir 150 Opinion Leader, also hauptsächlich Bankdirektoren und Vorstände eingeladen, im Smoking und im Abendkleid zu einem Galadiner zu kommen und anschließend zur First Night, also die allererste Übernachtung – war ein toller Abend bis in die Früh. Am nächsten Morgen mussten die Gäste dann einen Fragebogen ausfüllen, was man noch verbessern könnte oder was nicht so gut funktioniert. Und diese Gäste haben sich irrsinnig wichtig gefühlt, weil sie in ein Hotel hineinkonnten, das noch gar nicht da war. Da hat halb Wien darüber geredet.

ONE:
Es gibt immer ein gewisses Restrisiko, wir haben einmal ein Mailing gemacht, das fällt mir gerade ein, da haben wir an Ärzte so eine Medikamentenpackung verschickt, da ist draufgestanden „*One* forte" und drinnen waren,

eingeschweißt wie Tabletten, blaue „Smarties" und dazu war ein Beipackzettel mit einer Erklärung und auch auf der Packung war angemerkt, dass Schokolade drinnen ist. Jetzt können Sie sagen, das ist irrsinnig riskant, weil, angenommen das kriegt ein Kind in die Hände und kommt drauf, es ist Schokolade, könnte es ja den Schluss ziehen, dass die Medikamente, die bei meinen Eltern im Kasten herumliegen, sind auch Schokolade und könnte es dann essen.

Wir haben anlässlich unseres Launches im März jetzt von unserer neuen Serviceoffensive z. B. eine Packaktion gemacht beim *Spar*, wo ich mir denke, wahrscheinlich erwartet man sich das auch nicht, dass man in einem *Spar*-Supermarkt … also in einem *Interspar* haben wir in verschiedenen Filialen Promotoren aufgestellt, die nach den Einkäufen die Einkäufe der Leute in Sackerln eingepackt und übergeben haben, also solche Sachen, und da trifft man auch auf eine sehr breite Zielgruppe. Also das hat jetzt auch nicht direkt mit der Serviceleistung des „Einpackens" zu tun, aber das ist in einem Supermarkt einfach so, es sollte nur Service symbolisieren.

Was wir noch gemacht haben, war ein Shuttle-Service, den wir eingerichtet haben, wo wir an neuralgischen Knotenpunkten von Verkehrsmitteln einen Mini-Van hingestellt haben, der war gebrandet, und der Fahrer ist ausgestiegen, sobald mehrere Leute auf den Bus gewartet haben, und hat gefragt, wo sie hinmöchten und er bringt sie dorthin, um sich die Fahrkosten für den Bus oder die Straßenbahn zu ersparen. Das ist einfach ein Service.

Oder was wir noch gemacht haben, mit einer Sushi... – in einer Running-Sushi-Kette muss man dazu sagen – haben wir zwischen den Tellern einen Teller als Gruß von *One* mit Menthos drauf gelegt, als Service für Erfrischung danach, solche Sachen. Also wie gesagt, das war speziell für diese Servicegeschichte ausgelegt und Service ist uns sehr wichtig, was aber jetzt mit dem Produkt Telekommunikation in verschiedensten Bereichen demonstriert werden kann. Aber gerade in diesen drei Beispielen ist Service überall und jeder versteht etwas anderes darunter. Eigentlich ist das etwas, das dich überall erwartet.

Wir haben letztes Jahr eine Kampagne draußen gehabt, wo man gesehen hat, wie ein Auto verschrottet wird, ... und der junge Mann, dem das Auto gehört, vergisst sein Handy im Auto. Und von uns, in unserem Kundenbindungsprogramm, bekommt er sofort ein neues. Und da haben wir so Schrottwürfel von alten Autos vor unsere *One* Worlds platziert, die dann teilweise auch geläutet haben, also um diesen Konnex zur Kampagne herzustellen. Für uns sind das Sonderwerbeformen und da gehen wir einen Schritt weg, denn ich denke, beim GM habe ich eine ganz definierte Zielgruppe, die ich erreichen will, und das fällt für uns als Thema vollkommen flach, wie gesagt, jeder Mensch, der da an so einer *One* World vorbeigeht und diesen Schrottwürfel sieht, wird sich wundern, wird sich dafür interessieren und die, die den Spot kennen, wissen sofort, worum es geht.

A1:

Zum Beispiel hat es die Aktion von *tele.ring* gegeben, wo man um 1 Cent von *tele.ring* zu *tele.ring* – das sind ca. 100.000 Kunden – telefonieren konnte. Das haben wir bei *A1* dann auch eingeführt, nur haben wir wesentlich mehr Kunden und dieser 1 Cent ist bei *A1* – wir haben ca. 3.000.000 Kunden – mehr wert. Das mussten wir kommunizieren. Daraus entstand der Slogan „1 Cent ist jetzt mehr wert". – Im TV war dieser 1 Cent in einer Schmuckschatulle, die ein Mann seiner Frau schenkt, so quasi wie wertvoll dieser Cent doch ist. Wir haben dann bei einem Juwelier im ersten Bezirk diesen Cent in die Auslage gelegt, neben Brillanten und andere Schmuckstücke … also wieder Guerilla, man erreicht nicht viele, aber ist dafür witzig, überraschend und kreativ.

T-MOBILE:

Jetzt planen wir eine GM-Aktion – da werden wir auch mal negative Presse bekommen – zu unserem Projekt „Replace – Handy und Festnetz in einem". Da ist der TV-Spot auf „Trenn dich vom Festnetz", und der Darsteller ist mit einem Kabel eingewickelt und dann befreit er sich vom Festnetz und der Festnetzgebühr. Im Oktober machen wir eine GM-Aktion, an die Klassik angelehnt, wo wir Promotoren auf der Mariahilfer Straße, Freyung und Kärntner Straße platzieren, auf einem Stuhl in einem Anzug, aber mit T-Shirt auf dynamisch, jugendlich, und wir fesseln den tatsächlich mit einem Telefonkabel an einen Bürostuhl. An diesen Orten erreich ich wieder sehr viele Leute, aber eben nicht zielgruppenspezifisch. Parallel zu dieser Aktion verteilen die Promotoren Informationsmaterial zu „Replace". Wir setzen aber auch an einem Tag einen Promotor vor das *Telekom*-Gebäude. Also wir machen auch solche Aktionen, nur ist die Frage dabei – wen spricht das an? Also es ist sicher interessant, man schaut hin und nimmt sich das Informationsmaterial mit, und da hat man dann wieder das Problem, will man informieren oder will man Aufmerksamkeit erregen.

Wir haben im Business-Bereich und auch im Privatkundenbereich in letzter Zeit GM-Aktionen gesetzt. Es gibt sehr zielgruppenspezifische Maßnahmen, wobei man mit der Zeit draufkommt, dass GM nichts bringt, wenn man sich auf die Zielgruppe versteift. GM ist eine Streuverlust-in-Kauf-nehmende Maßnahme. Es bringt nichts, wenn man z. B. nur Immobilienmakler ansprechen will. Da haben wir eine Aktion gemacht, wo wir einen Teppich unter dem Motto „Wir rollen für Sie den Teppich aus" dieser Zielgruppe vor die Tür gelegt haben, um auf unseren besonderen Service und Sondertarife hinzuweisen. Das hat aber nicht funktioniert.

ABSOLUT VODKA:
Wir haben gerade eine Aktion laufen, auf dem Münchner Flughafen … wo man draufgekommen ist, dass einem am Flughafen immer wieder Sachen gestohlen werden oder dass man Sachen mitnimmt, die einem gar nicht gehören. Wir sind hergegangen und haben einen *Absolut Vodka*-Karton gebaut, einen weißen, der war aufgebrochen und

es war nur eine Flasche drinnen und es ist draufgestanden „*Absolut* Temptation", also die absolute Versuchung und man hat das dann bei der Gepäcksausgabe fahren gelassen und hat geschaut, wie die Leute reagieren, und am Ende, wo keine Leute mehr da waren, hat einer zugegriffen. Das ist eben lustig.

MUSEUMSQUARTIER WIEN:

Heuer haben wir einen Schwerpunkt im GM gehabt insofern, dass wir bei der *Biennale* in Venedig und jetzt gerade vorige Woche bei der *Freeze* Sackerln verteilt haben, mit Postkarten und Flyern – und das ist extrem gut angekommen. Da haben mich die Leute angerufen und mir erzählt, sie stehen in Venedig am Boot und sehen schon die ersten Leute mit Sackerln kommen. Ich habe sogar vom Berliner Kulturministerium ein Mail gekriegt. Die haben ausfindig gemacht, wer die Aktion gestartet hat, und sie möchten mir gratulieren und sie würden sich das von den Berlinern auch wünschen. Es ist sehr gut angekommen und jetzt haben wir das in London gemacht.

Nachdem unsere Kampagnen sehr aktionistisch sind und für ein Kulturunternehmen schon damals sehr außergewöhnlich waren – und ein Label wie das *MQ* als Institution war sehr gewagt. Wir setzen nicht so sehr auf die Inhalte, sondern versuchen die Marke sehr stark zu emotionalisieren, um den Aspekt der Vielfalt, oder heuer, um den Aspekt der Kulturoase herauszustreichen; es war GM nie ein Hauptschwerpunkt, aber etwas, was uns immer begleitet hat. Beispiele dafür gibt es einige. Das letzte Jahr war eine sehr schöne Kampagne, wo der Kübel das „Key Sujet" war. Ein Eimer, sozusagen alles im Eimer, der Eimer als kommunizierendes Gefäß, in dem alle Inhalte wie Kunst, Architektur, Kultur, Restaurants, Erlebniskultur etc. alles da hineinfließt und mit dem Kübel – der Kübel war eben einmal inszeniert mit einer Frau im Liegestuhl, die ihre Füße kühlt im Kübel. Das war als klassische Werbung präsent, als City Light, als Plakat und Anzeige im In- und Ausland. Und was wir zusätzlich gemacht haben – also es gibt pro Kampagne immer acht Sujets – waren passende Aktionen zu den Sujets. Ein Sujet war z.B. ein autowaschender Autofan, der sein Auto, mit einem Kübel vom *MQ* danebenstehend, gewaschen hat. Wir haben also an Autowaschanlagen in Wien am Wochenende Kübel verteilt. Ein Sujet war der Kübel mit einem Strauß Blumen – also eben diese Vielfalt widergespiegelt – also haben wir an Blumengeschäfte Kübel verteilt – die gibt's immer noch. Es ist lustig, wenn man da vorbeigeht, findet man immer noch die *MQ*-Kübel irgendwie in der Auslage. Und was wir auch immer wieder sehen, sind die Fiaker. Also wir hatten ein Sujet, wo der Fiakerfahrer ein Pferd füttert mit einem Kübel – und das haben wir an Fiakerstandplätzen verteilt und die sehe ich manchmal noch hinten am Fiaker.

ÖSTERREICHISCHE POST AG:
„Harry Potter" war eine Kooperation mit *Tandem*, also dem *Weltbild Verlag* – ist einer der größten Versandverlage Europas. Und die sind an uns herangetreten und das ist das

Witzige an der Geschichte, die sind an uns herangetreten für eine Samstagszustellung von „Harry Potter". Das war in den letzten Jahren immer wieder im Gespräch, jedoch nie möglich – wir haben es erstmals geschafft, den Samstag zu aktivieren, und im Zuge unserer internen Gespräche ist von der Produktion, also von einer Abteilung, von der man es nie erwarten würde, der Vorschlag gekommen – wenn man schon am Samstag zustellt, dann können wir auch in der Nacht zustellen. Marketingseitig hätte ich mich das nie getraut in diesem Unternehmen, weil das einfach nicht in normale Strukturen eines 25.000-Personen-Unternehmens reinpasst. Man kann die Zusteller nicht dazu verpflichten, in der Nacht etwas auszufahren, noch dazu in einer Beamtenstruktur. Gut, der Vorschlag kam von der Seite, die dafür verantwortlich ist, und da haben wir das aufgegriffen und haben gesagt, wenn wir das schon machen, dann schlachten wir das PR-mäßig so aus – wie kann man das am besten ausschlachten – das eine ist ein Event. Das Zweite ist eine klassische Pressekonferenz. Das Erste haben wir mit *A&M* gemacht, da haben wir uns hingesetzt in der Albertina und haben das im Zuge einer Konferenz angekündigt, dass wir das vorhaben. Und eigentlich wollten wir haben, dass Journalisten nach Mitternacht mit unseren Zustellern mitfahren und dieses Treiben um „Harry Potter" … und jemand, der in der Nacht ein Buch bestellt, der steht nicht im Pyjama da und ist angefressen, dass der Postler vor der Tür steht, sondern der macht etwas dafür. Er macht ein Fest. Ein Fest mit Kindern, die Kinder sind verkleidet – und genauso ist es auch abgelaufen. Wir haben Termine vereinbart, mit Kunden, die bestellt haben. Wir haben Journalisten eingeladen, wir haben ein Fest am Südbahnhof gemacht und die Journalisten zusammen mit unseren Zustellern zu den Kunden geschickt. Dadurch sind relativ viel PR-Berichte im Fernsehen, Radio und in Zeitungen entstanden. Könnte man weitläufig als Guerilla-Maßnahme sehen, ich würde es als sehr gut geplante PR-Aktivität sehen.

Die Aktion wurde von „Best Practice" mit dem 3. Platz ausgezeichnet.

BBDO WERBEAGENTUR:

Da haben wir vielfältige, abrundende Maßnahmen gesetzt, die eine klassische Kampagne unterstützen und nach unten hin abrunden und im Endeffekt Budgetanforderungen umgehen sollen, um so nah wie möglich und möglichst überraschend an die Zielgruppe heranzutreten. Das wäre z.B. die Launch-Kampagne anlässlich eines neuen Logos, das auf *Jeep* eingeführt worden ist, wo wir das *Jeep*-Logo – das dahingehend adaptiert wurde, dass wir dem Schriftzug *Jeep* eine grafische Abbildung vom Grill, dem berühmten Grill, hinzugefügt haben. Das haben wir in Städten, im urbanen Raum, wie man so schön sagt, mittels Promotionteams dahingehend umgesetzt, dass wir den *Jeep*-Gedanken und damit eben auch die Grundform des Logos an alle möglichen Orte und Plätze transportiert haben, wo man es nicht erwarten würde, und die im krassen Gegensatz zur *Jeep*-Ideologie stehen; nämlich die Möglichkeit auszubrechen aus seinem tagtäglichen Umfeld, aus der Stadt. D. h. wir haben Gullys mit Graffiti komplettiert zum kommenden *Jeep*-Logo. Wir haben Gegensprechanlagen adaptiert. Wir haben Fenstergitter damit verziert. Alles natürlich in Absprache mit den Hauseigentümern bzw. Vermietern bzw. Spraydosen aus dem Baubereich, die abwaschbar sind. Man muss ja auch auf die rechtlichen Konsequenzen achten.

Ein weiteres Beispiel, das wir in einer klassischen, integrierten Kampagne von klassischen Medien, wie Print, TV, und „below the line"-Sachen wie Direct Marketing übernommen und nach unten hin eben abgerundet haben, waren Sticker, die den Ausbruchgedanken visualisiert haben. Der neue Cherokee wurde gelauncht und hatte das Problem, dass er kein „harter Jeep" ist, also dem Kernwert der Marke *Jeep* nicht wirklich entspricht – ist vom Design her auch eher recht feminin angehaucht. Wir haben das aufgegriffen und nicht negiert, sondern haben das in den Mittelpunkt gestellt und mit der frauenspezifischen Kampagne Abhilfe geschaffen, die auch Frauen zum Ausbrechen und zum Einsteigen in den *Jeep*-Spirit verleiten soll, indem man sich eben als Frau von typischen Sachzwängen oder Verhaltensmustern lösen soll. Da haben wir Sticker produziert, z. B. „Nieder mit dem BH-Zwang", oder aber auch gegen manikürte und zurechtgestutzte, typische Pudel oder aber auch – weil es von dem Modell eine optisch etwas männlichere Version gibt – für Männer „Nieder mit dem Krawattenzwang" oder High Heels, mach dich frei, sei dabei. Haben das mithilfe von *Media Markt* für kurze Zeit auch im Schauraum transportiert, indem wir Kleber produziert haben, auf denen ein Piktogramm von einem Fernseher abgebildet war, und da ist gestanden: „Brich aus, www.jeep.at", um dem klassischen Couch-Potato ein bisschen entgegenzukommen. Kurze Aktion, kurzfristig, wie diese Sachen immer sind, mit einem erheblichen Organisationsaufwand und auch mit schwer oder kaum messbaren Erfolgen.

Eine weitere Geschichte ist eine klassische GM-Geschichte. Wir haben Flyer und Zettel „Suche, Vermisst" an Bäume, Laternenpfosten, Bauzäune und, und, und gehängt, wo jemand vermisst wird, der offensichtlich mit seinem „*Jeep* Wrangler" einen mehr als langen Offroad-Urlaub unternommen hat. Das war bei den Kunden, über die ich referieren kann … die per Bild demonstrierbaren Sachen.

LOWE GGK WERBEAGENTUR:
Es gibt einzelne Aktionen, die wir hier im Haus gemacht haben, für *Ottakringer* z. B. „Null Komma Josef", um ein Beispiel zu geben, da haben wir verschrottete Autos im öffentlichen Raum deponiert, also z. B. auf Verkehrsinseln, am Schwarzenbergplatz, vor dem MuseumsQuartier, und das haben wir beklebt mit „Beim Autofahren am besten ohne Alkohol", also mit alkoholfreiem Bier. Da haben wir auch ein Auto in eine Hauswand gestellt, also haben ein bisschen mit diesem Schockerlebnis gespielt. Ist jetzt aber keine Guerilla-Kampagne, sondern war halt begleitend zur klassischen Kampagne ein Akzent, der viel Impact generiert hat, sehr auffällig war und viele schockiert hat.

Für *Palmers* hatten wir diese Kampagne mit dieser „Invisible Collection", das war so eine Unterwäschelinie, die mehr oder weniger durchsichtig war, da gab es den Spot, der lief auch im Fernsehen mit und ohne. Dann gab es mal in einem Schaufenster eine Frau, die ohne und eine, die mit gekleidet war, das wurde dann eben auch im öffentlichen Raum mit dieser Idee begleitet. City Lights, die waren untertags mit BH. Und die waren so produziert, dass in der Nacht, wenn die City Lights hinterleuchtet sind, die Dame nackt war. Die Headline war „30 Euro für nichts".

ANONYME EXPERTEN:

Beispiel: Einer unserer Kunden ist ein langjähriger Lieferant der Firma *Billa*. Eines schönen Tages hat ihn der *Billa* mit einem Teilbereich ausgelistet. Das hat für ihn einen Verlust von ungefähr drei Millionen Euro dargestellt. Da ist er zu uns gekommen und hat gesagt: „Was machen wir?", und da haben wir gesagt, o. k., wir werden was versuchen, und haben künstliche Beschwerden angelegt, aber in der Tausenderzahl. Da sind die Leute auch ins Geschäft gegangen und haben gefragt: „Wo ist das Produkt XY?". Dann haben die gesagt: „Das haben wir nicht mehr" und dann haben wir wieder gesagt: „Dann geh ich zum *Spar*, weil dort gibt's das!", „Ich will sofort den Filialleiter sprechen, wo ist mein XY?" – Wir haben E-Mails an den Einkauf und enorm viele Briefe, mit hunderttausenden verschiedenen Absendern geschrieben. Und der Endeffekt war, ob Sie es glauben oder nicht, innerhalb von zwei Monaten war das Produkt wieder im Regal ohne einen Euro Listungsgeld und ohne WKZ (Werbekostenzuschuss). Denn da hat nämlich der Einkäufer gesagt, wir brauchen DRINGENDST dieses Produkt, denn sonst werden die Leute „narrisch".

Eine wirklich große Guerilla-Aktion – jetzt gehe ich noch mal zurück – das war die Berliner Agentur, die *Story Dealer*, und die schaffen so „soziale Wirklichkeiten" für Topmanager und die haben – und das kann man unter GM einreihen: Die haben … „Aale angeln direkt in Berlin aus der Kanalisation", die haben das voll inszeniert und voll umgesetzt, die haben dort die Weltmeisterschaft veranstaltet, die sie voll inszeniert haben, die haben Medienberichte gefälscht aus den letzten drei Jahren, alles. Der Zweck war keine Marketingaktion, sondern der Zweck war „Schaffen von sozialen Wirklichkeiten von Topmanagern", die lernen müssen, mit einem künstlichen Szenario zu leben und damit umzugehen. Die hatten exakt drei Tage lang Zeit das umzusetzen, da ist dann wirklich das Topmanagement gesessen von Banken und Pharmakonzernen, oberste Ebene, und die haben vor RTL die Show runtergezogen, dass sie quasi da finnische Teilnehmer sind von „Sub-City-Fishing". Das sind echte Guerilla-Aktionen. Also „back to the roots". Die Firma ist nicht mehr deine Wirklichkeit, in der du lebst. Du lebst in der Wirklichkeit, die du selbst schaffst. Das ist das Interessante daran.

ÖAMTC hat eine Aktion vor vielen Jahren in einem Kino gemacht. Da gab es einen Kinospot: Da gab es eine Panne, wo der Darsteller gefragt hat: „Wo ist der nächste

ÖAMTC-Helfer?" und dann ist da einer im Kino aufgesprungen und hat gesagt „Hier!" – da gab es also einen interaktiven, bezahlten Promotor im Kino. Alle haben rundherum geschaut und haben natürlich nicht damit gerechnet, der „Helfer" ist dann auch rausgegangen und hat gesagt: „Ich muss jetzt helfen" oder so ähnlich. Solche Aktionen bleiben einem auch im Kopf.

Ein gutes Beispiel ist von *T-Mobile*, da gibt es am Gürtel eine Kirche bei der Gumpendorfer Straße, Maria vom Siege, da hängt jetzt seit hundert Jahren dieses Transparent „Es gibt einen, der dich liebt. Jesus Christus." Und irgendwann, das haben so viele Leute gesehen, das werde ich nie vergessen, irgendwann vor einem Jahr fahre ich am Gürtel, hängt daneben am Baugerüst „Es gibt noch einen, der dich liebt. *T-Mobile*." Was einfach grenzgenial ist. Da muss man einfach auffällig sein, damit man punkten kann.

Also ich sage es jetzt nur von meinem unmittelbaren Bereich, nicht, also wir haben für *BMW-Mini* in Österreich … PR gemacht und *BMW-Mini* hat bei dem Launch des „S" sehr stark auf GM gesetzt, auch europaweit. … Mission Mini – das war eine relativ ausgeklügelte Kampagne eigentlich. Da haben sie also einen englischen Schriftsteller aufgefordert, ein Buch zu schreiben, wo der Cooper S sozusagen eine tragende Rolle gespielt hat. Das war irgendwie eingebaut und es ging um Kunstdiebstahl europaweit und es ging um ein Investigationsteam und einen Kommissar, … der Kommissar Cooper, das war also der Leiter, und es wurden dann von allen Märkten, wo der „Cooper S" lanciert wurde, eigene Investigationsteams zusammengestellt und da gab es immer eine VIP-Leitung – also bei uns war das die Nina Proll – und wir haben dann noch gecastet über *Ö3*, also ganz normale österreichische Cooper-Fans eingeladen, sich zu bewerben, und da gab es Interviews und Castings und Kreativwettbewerbe und so haben wir dann unser österreichisches „Mission-Mini-Team" zusammengestellt unter der Leitung von Nina Proll und die sind dann nach Barcelona geflogen worden, aus allen Ländern, und dort wurde dann dieser Fall geklärt, das war eine große Fuchsjagd, eine riesige Gaudi, super Essen, Stunt-Autos, super Action, nicht. Und im Zuge dieser ganzen Kriminalgeschichte gab es also „Faked Criminals" und „Faked Kommissare", die also in Bars sind und sozusagen Aktionen zu so Investigationssituationen gemacht haben, also irgendwelche Verdächtige gesucht haben und Interviews geführt haben und Fingerabdrücke genommen haben. Es gab ein Team für das ganze Konzept und dann gab es mehrere PR-Agenturen, die Hand in Hand das Konzept sozusagen umgesetzt haben und dann auf die lokalen Märkte angewandt haben.

Eine Sache hat es in Amerika gegeben, es war eine Aktion für Chiropraktiker mit einer ¼-Dollar-Münze. Die haben diese Münzen auf die Straße gelegt und auf der Rückseite ist draufgestanden: „Wenn Ihnen das jetzt wehgetan hat, dann wählen Sie die folgende Nummer." Und das war der Vierteldollar, den du brauchst, um ihn anzurufen.

MAG. TOMAS VERES RUZICKA ist 1980 als Sohn einer tschechischen Immigrantenfamilie nach Wien gekommen und im zweiten Wiener Gemeindebezirk aufgewachsen. Nach abgeschlossenem Studium in internationaler Betriebswirtschaftslehre ist er zunächst mit dem Veranstalten und Organisieren von Events beschäftigt. Zwischendurch lebt er ein Jahr in Barcelona. Im Jahr 2007 gründet er die Agentur *guerilla pr* mit dem Schwerpunkt Guerilla Marketing und unkonventionelle PR. Nebenbei arbeitet er auch als Fotograf und Videoproduzent. Im September 2011 hat er seine Selbstständigkeit aufgegeben und arbeitet seither mit großer Leidenschaft bei der Firma *Diesel* als Presence Marketing & PR Coordinator.

Abb. 1a–1c: Diesel hat im Zuge seiner „be stupid"-Kampagne 2010 einige skurrile Aktionen durchgeführt. Da gab es ein spontanes Picknick in Kinosälen, mit Klebeband gefesselte Models auf Bäumen, T-Shirts auf Wäscheleinen mitten auf der Straße im Winter, ein Bobby-Car-Rennen und vieles mehr.

Abb. 2a–2c: Das italienische Streetwear Label 55DSL hat im Zuge des BLK River Streetart Festivals 2011 in Wien an von der Zielgruppe stark frequentierten Plätzen Graffiti-Logos hinterlassen. Manche befanden sich im unmittelbaren Umfeld der Streetart-Aktionen des Festivals. Es wurde wasserlöslicher Haarspray verwendet. Beim Pre-Opening Event haben zwei Künstler des Festivals live im Schaufenster gemalt und es gab im Festivalzentrum eine Woche lang einen Pop-up-Store inklusive Lounge zum Abhängen.

Abb. 3: Bei der Produkteinführung von „Kellogg's Special K" Cornflakes wurden in diversen deutschen Supermarktketten die Einkaufswagen so umgebaut, dass die Form des Haltegriffs dem Körper einer fettleibigen Person ähnlich sah; ergänzt durch den Slogan: „Höchste Zeit für Kellogg's Special K – 99 % fettfrei". Parallel dazu lief eine Aktion, bei der präparierte Sitzbänke in öffentlichen Parks aufgestellt wurden. Setzte sich ein Passant hin, gaben die elastischen „Holzbretter" nach. Die erschrockenen Passanten fanden schließlich bei der Inspektion der Bank eine kleine Tafel, wiederum mit dem Slogan: „Höchste Zeit für Kellogg's Special K – 99 % fettfrei". Dies ist eine gelungene Ambient-Media-Aktion, die auch mit einigen Preisen ausgezeichnet worden ist.

Abb. 4: advanced minority verteilte als Strafzettel getarnte Gutscheine. Der Wiener T-Shirt-Produzent „advanced minority" verpasste im Weihnachtsgeschäft 2010 allen Windschutzscheiben parkender Autos in unmittelbarer Umgebung des Shops Warengutscheine, die einem Strafzettel für falsches Parken zum Verblüffen ähnlich sahen. Die Aktion brachte starke Emotionen zum Vorschein und wurde zum Stadtgespräch.

Abb. 5: Die gelungene Ambient-Media-Aktion von UNICEF, bei der mit „verseuchten" Wasserspendern auf die Trinkwasserproblematik vieler Länder unmissverständlich hingewiesen wurde.

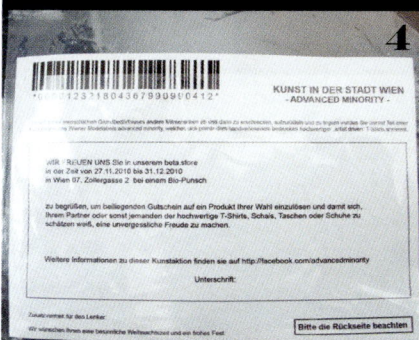

6

7

8a

8b

8c

Abb. 6: adidas Originals ließ Quietschenten auf urbanen Wasserflächen schwimmen – mit dem Aufdruck: „Hab mich verschwommen. Bring mich zurück!" und der Shopadresse, wo es Prozente auf den Einkauf gab.

Abb. 7: amnesty international beklebte öffentliche Aufzüge auf der Innenseite mit einer Folie, welche eine Gefängniszelle von innen zeigt. Passanten wurde sehr gelungen der Inhalt der Kampagne vermittelt: „Stellen Sie sich vor, Sie müssen drei Jahre in einem Raum dieser Größe verbringen. Nur weil Sie schwul oder lesbisch sind."

Abb. 8a–8c: Der ehemalige Mobilfunkanbieter „One" wollte sein kompetentes Service kommunizieren: 8a: „One"-Erfrischungsbonbons auf dem Laufband diverser Running-Sushi-Ketten der Stadt. 8b: „One"-Servicemitarbeiter packten in diversen Supermärkten die Einkäufe der Kunden in „One"-Taschen. 8c: Shuttlebus, der Passanten von einer Autobushaltestelle kostenlos ans gewünschte Ziel brachte.

9

*Abb. 9: Im Zuge der Eröffnung
des Hotels „Le Meridien" in Wien
wurden zwei Wochen lang mit
T-Shirts gebrandete Schaufensterpuppen in einer nahe liegen-
den Fußgängerzone aufgestellt
(24 Stunden von einem Security-
mitarbeiter bewacht). Zusätzlich
ist untertags ein Schauspieler mit
einer der Puppen Taxi gefahren
und hat sich mit ihr ins Kaffeehaus gesetzt und so Aufsehen für
die Hoteleröffnung erregt.
www.lemeridien.com*

*Abb. 10a–10b: Beim Launch des
HTC Handys in Wien mussten
Gruppen von Passanten vor einem
A1 Shop auf dem Kopf stehen.
Derjenige, der es am längsten
geschafft hat, konnte das Handy
gleich mit nach Hause nehmen.
Die Aktion gewann Silber beim
AFSP Award 2011.*

10a

10b

11a

Abb. 11a–11c: Das Wiener MuseumsQuartier machte mit ausgefallenen Kunstinstallationen im öffentlichen Raum auf sich aufmerksam. Die Imagekampagne 2010 des MuseumsQuartiers Wien sollte zur Auseinandersetzung mit schöpferischer Arbeit einladen. Dabei wurden alltägliche Gegenstände im öffentlichen Raum in eine Kunstinstallation verwandelt.

11b

11c

Aversion oder Installation

Gebrechen oder Installation

Schikane oder Installation

Herausragende Lippenpflege

labello
100 years
CLASSIC

Achten Sie auf das Original: Die Marke

12

Abb. 12: Auch Unternehmen wie Gewista, die normalerweise klassische Außenwerbe-formen vermarkten, setzen auf innovative Konzepte. Egal ob City Light, Rolling Board oder Plakat – der Kreativität sind keine Grenzen gesetzt und gut umgesetzte Kampagnen bleiben in Erinnerung.
Abb. 13: Heineken Music Train beim Waves Festival 2011 in Wien.

13

Heineken

Abb. 14: Der Radiosender „Superfly" mietete sich auf einer stark frequentierten Einkaufsstraße für eine Woche vier Parkplätze. Fertigrasen, eine Cocktailbar, ein Soundsystem, gemütliche Sofas, Palmen – und fertig war die Superfly-Oase inmitten des Trubels der Großstadt. Täglich konnte man dort dem Livestream des Senders lauschen, kostenlos frühstücken, Kaffee und Cocktails trinken, ja sogar eine Fuß- & Nackenmassage wurde angeboten. All diese Specials wurden mit Kooperationspartnern umgesetzt und verursachten dem Sender keine zusätzlichen Kosten.

Abb. 15: Superfly Streetbranding. Beim Senderstart von superfly.fm schlüpften die Geschäftsführer in gebrandete Overalls und zogen mit Kärcher und Logoschablone durch frequentierte Straßenzüge in Wien. Zahlreiche lokale Medien haben darüber berichtet.

Abb. 16: „Vermisst"-Aktion von Jeep. Im Stil klassischer Vermisstenanzeigen wurde hier ein Jeepfahrer gesucht, der nicht mehr nach Hause zurückgekommen ist, weil ihm das Jeepfahren so viel Freude bereitet hat. Hinweise sollten die Passanten auf der Website www.jeep.at aufgeben, wo die Aktion virtuell fortgesetzt wurde. www.bbdo.at

17

Abb. 17: Die Clublocation Pratersauna in Wien verlost Packages mit „Become a Mini Artist Shuttle Driver" und holt Star-DJs vom Flughafen ab. Dazu gibt es einen Gästelistenplatz und ein meet&greet mit dem Artist. Die Pratersauna spart sich so Woche für Woche das Taxigeld und bekommt den gebrandeten „Artist Shuttle MINI" gratis als Firmenwagen. Für MINI gibt es einen sehr authentischen Image-Transfer und eine passende Präsenz in der Zielgruppe. Ein kleines, aber sehr wirkungsvolles Beispiel einer gelungenen Win-win-Kooperation.

Abb. 18: Diese Klebetattoos wurden während des Filmfestivals Viennale mit positivem Feedback an die Gäste verteilt.

Abb. 19: Post-it-Aktion: Und noch ein Beispiel vom Wiener Radiosender „98.3 Superfly": Ein scheinbar handbeschriebenes „Post-it" mit dem Text „Hallo Schatzi, Ich hoffe du hattest einen sonnigen Tag! Du fehlst mir, wir hören uns …" wurde an ca. 10.000 Wohnungstüren der Zielgruppe geklebt. Die Reaktionen waren unglaublich. Der Sender bekam sogar Anrufe von der Polizei, da sich einige Personen verfolgt gefühlt haben. Bei anderen kam es zu Beziehungsproblemen.

18

19

20

Abb. 20: Das Wirtschaftsmagazin
FORMAT ließ beim Vienna City
Marathon drei als Geschäftsmänner
verkleidete Teilnehmer mit gebrandeten Aktenkoffern mitlaufen und
schaffte es so, mit minimalem Einsatz
in zahlreichen Medien ein Schmunzeln zu erwirken.

Abb. 21a–21b: Die Wiener Ambient-
Media-Agentur Brand Circus hat in
Kooperation mit der Werbeagentur
Publicis für T-Mobile im Dezember
2010 an den Wochenenden an einer
stark frequentierten Einkaufsstraße
T-Mobile Weihnachtsmänner von
einem Haus abseilen lassen. Die Aktion wurde von zahlreichen Passanten
fotografiert und über soziale Netzwerke verbreitet.

21a

21b

22

Abb. 22: Absolut Vodka machte in den Gepäckshallen diverser Flughäfen auf sich aufmerksam. Ein aufgerissener „Absolut Vodka"-Karton, bei dem nur noch eine Flasche übrig war, machte auf dem Gepäcksband die Runde. Dazu die Aufschrift: „Absolut Temptation".

Abb. 23a–23b: Im Zuge einer Streetart-Aktion wurden in ganz Wien diverse Flächen, die dem Kühlergrill eines Jeeps ähnlich waren, zum typischen „Jeep-Scheinwerfer" ergänzt (z. B. Kellergitter, Kanaldeckel, Gegensprechanlagen). Anzumerken ist, dass „Jeep" sich für diese Aktion im Vorfeld alle Genehmigungen besorgt hat.

23a

23b

Abb. 24: *eine Ambient-Media-Aktion von amnesty international zum Thema „Menschenrechte". Ziel war es, die Passanten mit der Situation des Eingesperrtseins zu konfrontieren und Mitgefühl zu wecken. Dazu wurden in einer deutschen Fußgängerzone Kanaldeckel mit Menschenhänden aus Ton versehen und so das Gefühl der Gefangenschaft vermittelt. Zeitgleich wurden Promotion-Stände aufgestellt, um den Passanten die Möglichkeit zu bieten, amnesty international zu unterstützen und sich zu informieren. Journalisten und ein lokales Fernsehteam begleiteten die Aktion.*

Abb. 25: *Die Abbildung zeigt eine nette Out-of-Home-Aktion von Gigasport in Graz, bei der Litfaßsäulen kreativ adaptiert wurden.*

Abb. 26: *Zum achtjährigen Jubiläum des Wiener Sonntagsclubs „SoulSugar" wurde eine unkonventionelle Ambient-Aktion durchgeführt: Graffiti aus Staubzucker! www.soulsugar.com*

27a

28

Abb. 27a–27b: Das Wiener Unternehmen movelight bietet jegliche Art von visueller Großflächenwerbung an: also Projektionen auf Fußgängerzonen bzw. Häuser. Hier ein Beispiel einer mobilen Projektion (FLYING:Media), bei der von einem fahrenden Lastwagen aus projiziert wurde. www. movelight.at

Abb. 28: Kübelaktion vom MuseumsQuartier in Wien. Hier wurden in der ganzen Stadt praktische Kübel verteilt (z. B. an Pferdekutschen, Tankstellen, Blumenläden). Unglaublich, dass noch Jahre nach der Aktion immer wieder die „MQ"-Kübel auftauchen. www.mqw.at

27b

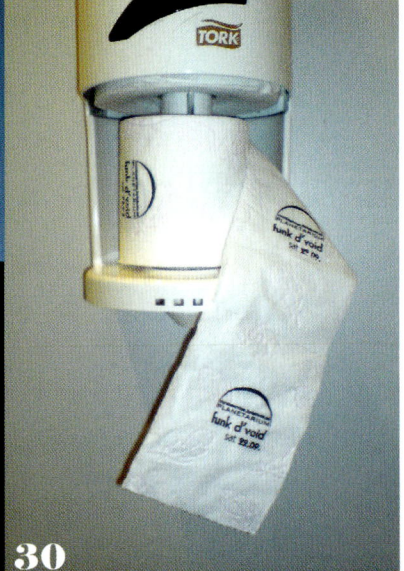

Abb. 29a–29b: Das Leopold Museum in Wien hat an einem heißen Sommertag spontan zum „freien Eintritt für Unbekleidete" aufgerufen.

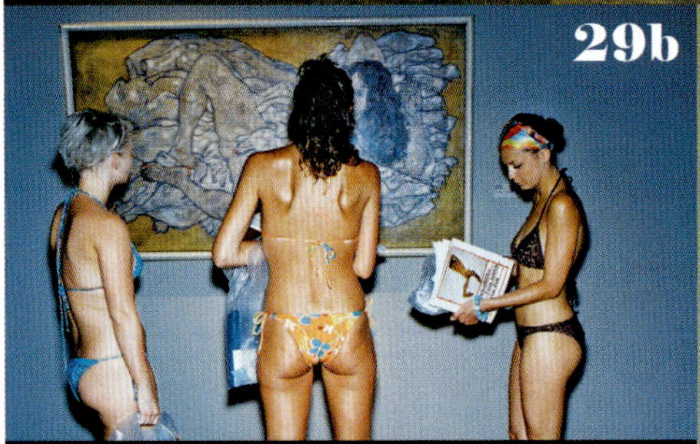

Abb. 30: Veranstaltungsreihe „roomservice" wirbt auf Toilettenpapier. Für die Promotion eines Events wurde in Wiener Szenelokalen das Toilettenpapier entfernt, jedes einzelne Blatt mit einem Infostempel versehen, wieder aufgerollt und zurück in den Spender gegeben.

Abb. 31: Ein gebrandeter MINI fuhr mit einem goldenen Megafon auf dem Dach in Wiens Einkaufsstraßen die Runden und spielte einen groovigen Jingle, der für den Radiosender „98.3 Superfly" Werbung machte.

Abb. 32: Asphaltart aus Wien hat sich auf das Affichieren von hochwertigen Werbegrafikfolien auf Bodenflächen im Out-of-Home-Bereich spezialisiert. Hier ein beeindruckendes Beispiel mit 3D-Effekt.

Abb. 33: Wrigley Austria gewann in Zusammenarbeit mit der Agentur PKP BBDO Gold beim AFSP Award 2011 mit dieser genialen Ambient-Media-Aktion.

Abb. 34: Dieses Plakat beginnt in der Nacht interaktiv zu leuchten und ist schlicht ein Hingucker! Es kommen Elektrolumineszenz-Folien zum Einsatz, mit denen Zonen im Sujet definiert werden, die durch An- und Ausschalten von elektrischer Energie Licht erzeugen und somit eine Bewegung in das Bild bringen.

Literaturverzeichnis

Al-Saggaf, Yeslam/Williamson, Kirsty/Weckert, John (2002): Online Communities in Saudi Arabia: An Ethnographic Study, The Thirteenth Australasian Conference on Information Systems ACIS, 4–6 December, Melbourne, Australia, zitiert in: *Al-Saggaf, Yeslam/Williamson, Kirsty (2004):* Online Communities in Saudi Arabia: Evaluating the Impact on Culture Through Online Semi-Structured Interviews, Forum Qualitative Sozialforschung, Vol. 5, No. 3, Art. 24, September 2004.

Bertsch, Oliver (2002): ARD-Werbung Sales & Services, o. V., Diehl Design GmbH, Frankfurt/Main, September 2002, S. 15.

Besemer, S. P./O'Quin, K. (1986): Analyzing creative products: Refinement and test of a judging instrument, Journal of Creative Behavior, Nr. 20, S. 115–126.

Breitenbach, Patrick [26. 3. 2005]: Re: Was ist Guerilla Marketing, www.werbeblogger.de/index.php/2005/03/16/re_was_ist_guerilla_marketing, Stand: 03.2006.

Brooks, David (2002): Die Bobos, der Lebensstil der neuen Elite, Econ Ullstein Taschenbuchverlag, München, 1. Auflage 2002, S. 108.

Brumbaugh, Anne M. (2002): Source and nonsource cues in advertising and their effects on the activation of cultural and subcultural knowledge on the route to persuasion, Journal of Consumer Research, Gainesville, Vol. 29, Iss. 2, September 2002, S. 258ff.

Bryman, Alan (1988): Quantity and Quality in Social Research, Contemporary Social Research, 1. Auflage, London 1988, zitiert in: *Al-Saggaf, Yeslam/Williamson, Kirsty (2004):* Online Communities in Saudi Arabia: Evaluating the Impact on Culture Through Online Semi-Structured Interviews, Forum Qualitative Sozialforschung, Vol. 5, No. 3, Art. 24, September 2004.

Buchwald, Markus/Greiber, Klaus/Milosevic, Fritz (2003): Mobile Market Trendscouting, Detecon, o. V., Multimedia Messaging Services Trendletter, Bonn, Mai 2003.

Dieterlen, Friedrich (1986): Säugetiere und andere Landtiere Mitteleuropas, Wegweiser durch die Natur, Verlag Das Beste Stuttgart, Zürich, Wien, 1986, S. 35, 41.

Djian, Eva [3. 9. 2004]: Bist du ein Bobo, oder was?, fm4.orf.at/evadjian/169984/main, Stand: 01.2006.

Durward, Allen L./Clas, Detlef/Clas, Felicitas/Göbel, Peter (1986): 1000 Fragen an die Natur, eine Fundgrube des Wissens, Verlag Das Beste GmbH, Stuttgart, S. 163, 170, 244f.

Eicher, David [28. 2. 2006]: Guerilla Marketing Blog, brainwash.robertundhorst.de/category/guerilla-marketing/, Stand: 03.2006.

Fill, Chris (2001): Marketing-Kommunikation – Konzepte und Strategien, Pearson Education Deutschland, 2. Auflage 2001, S. 426.

Flick, Uwe (1995): Stationen des qualitativen Forschungsprozesses in: *Flick, Uwe/Kardorff, Ernst/Keupp, Heiner/Rosenstiel, Lutz/Wolff, Stephan:* Handbuch qualitative Sozialforschung. Grundlagen, Konzepte, Methoden und Anwendungen, 2. Auflage, Beltz, Psychologie Verlags Union, Weinheim, 1995, S. 147–173, 177.

Freud, Sigmund (1910): Leonardo da Vinci and a memory of his childhood, o. V., New York, 1964 (Erstveröffentlichung 1910).

Fuchs, Christian (2003): Retrofamoso, Ahead, Vol. 3, März 2003, S. 68.

Fuchs, Christian/Köhler, Reinhold (2004): Die Gig Guerillas kommen, IQ Style!, No. 68, November 2004, S. 21.

Gasteiger, Anna [30. 9. 2005]: Der neue Potter zaubert zur Geisterstunde, Kurier – unabhängige Tageszeitung für Österreich, Freitag 30. September 2005, Titelseite & S. 39.

Gerevini, Anja [18. 2. 2006]: Es werde Licht, IMMO Kurier – Beilage zur unabhängigen Tageszeitung für Österreich, Nr. 47, 18. Februar 2006, S. 8ff.

Gläser, Jochen/Laudel, Grit (2004): Experteninterviews und qualitative Inhaltsanalyse, VS Verlag für Sozialwissenschaften, Wiesbaden 2004, S. 76f.

Glück, Judith/Ernst, Roland/Unger, Floortje (2002): How creatives define creativity: Definitions reflect different types of creativity, Creativity Research Journal 2002, Vol. 14, Iss. 1, S. 55–64.

Grauel, Ralf (2002): Unzählige Begegnungen der dritten Dimension, Brand Eins 3/2002, Hamburg, S. 50ff.

Hein, Kenneth (2004): Burger King Tastes Like Chicken, Smells Like Guerrilla Marketing, Brandweek 2004, New York, Vol. 45, S. 27.

Heller, Eva (2005): Wie Farben wirken, Rowohlt Taschenbuch Verlag, 2. Auflage Juli 2005, Reinbek bei Hamburg, S. 48–68, 88–111, 128–142, 259–269.

Herkert, Joachim (1984): Das Neue Duden Lexikon, Band 2 Bisk-Drah, Dudenverlag 1984, S. 609 & Frie-Hoch, S. 609, 1571.

Hopf, Christel (1995): Qualitative Interviews in der Sozialforschung. Ein Überblick. In: qualitative Sozialforschung. Grundlagen, Konzepte, Methoden und Anwendungen. 2. Auflage, Psychologie Verlags Union 1995, Weinheim, Beltz, S. 147–173.

John, Gerald/Weissenberger, Eva (2004): Buhlen um Bobos, Falter, Nr. 26, Juni 2004, S. 8f.

Jones, Edda Venusia (2005): Urban Fox Hotel, IQ Style!, Nr. 74, Mai 2005, S. 78ff.

Kepper, Gaby (1996): Qualitative Marktforschung: Methoden, Einsatzmöglichkeiten und Beurteilungskriterien, 2. Auflage, Wiesbaden, 1996, S. 23ff.

Kotler, Philip (1991): Marketing Management, 7th Edition, 1991, S. 391f.

Kotler, Philip/Jain, Dipak C./Maesincee, Suvit (2002): Marketing der Zukunft, Campus Verlag GmbH, Frankfurt am Main 2002, S. 11–15.

Kreuz, Peter/Förster, Anja (2005): Different Thinking, Verlag Redline Wirtschaft, 1. Auflage, März 2005.

Kubie, Lawrence S. (1958): The neurotic distortion of the creative process, University of Kansas Press, Lawrence, 1958.

Lamnek, Siegfried (1995): Qualitative Sozialforschung, Bd. 2, Methoden und Techniken, 3. Aufl., Weinheim, Beltz, Psychologie Verlags Union 1995, S. 59.

Landau, Erika (1984): Kreatives Erleben, Ernst Reinhardt Verlag, München, Basel, 1984, S. 115.

Langner, Sascha (2004): Virales Marketing, Business Village GmbH, Göttingen 2004.

Lauth, Eberhard (2004): Bobo? Bitte nicht!, Wiener, Nr. 282, September 2004, S. 86ff.

Levinson, Jay Conrad (2000): Das Guerilla Marketing Handbuch, Heyne Verlag München, 2. Auflage, Juni 2000, S. 309f.

Levinson, Jay Conrad [1.11.2000]: What exactly is guerrilla marketing?, America's Network, Duluth, 1. November 2000, Vol. 104, Iss. 16, S. 26.

Lincoln, Yvonna S./Guba, Egon G. (1985): Naturalistic Inquiry. Newbury Park, California 1985, zitiert in: *Al-Saggaf, Yeslam/Williamson, Kirsty (2004):* Online Communities in Saudi Arabia: Evaluating the Impact on Culture Through Online Semi-Structured Interviews, Forum Qualitative Sozialforschung, Vol. 5, No. 3, Art. 24, September 2004.

Loschek, Ingrid [21.4.2005]: Adidas, die Erfolgsgeschichte der drei Streifen, Goethe Institut Online Redaktion, Design und Mode, www.goethe.de/kue/des/thm/de543058.htm, Stand: 03.2006.

Lürzer, Walter (2002): Interview mit Jeff Goodby (Silverstein & Partners, San Francisco), Lürzer's Archiv Nr. 5, BGR Druck-Service GmbH, Frankfurt, Oktober 2002, S. 9ff.

Lürzer, Walter (2003): Lürzers Archiv: Anzeigen und Poster aus aller Welt, BGR Druck-Service GmbH, Frankfurt, Juni 2003.

Meyer, Annemike [12.12.2004]: Springen auch Sie auf den Werbezug der Zukunft, www.businessvillage.de/Magazin/mag_detail/mag-112.html, Stand: 08.2005.

Morris, Michael H./Schindehutte, Minet/LaForge, Raymond W. (2002): Entrepreneurial Marketing: A Construct for Integrating Emerging Entrepreneurship and Marketing Perspectives, Journal of Marketing Theory and Practice, Vol. 10/4, Herbst 2002, S. 1–14.

Müller, Meinrad (2005): Öffentlichkeitsarbeit? Öffentlichkeitsvergnügen! Wie ich mit Guerilla-PR-Marketing Presseberichte im Werte von über 3,5 Mio. DM erreichte, Graf-Arbo-Str. 18, Grafrath/München, www.press-city.de, Stand: 04.2005.

Müllner, Martina [6.8.2004]: Modemenschen, nicht Modeopfer, Rondo/Beilage Der Standard, 6. August 2004.

o. V. (2004), Mund auf, Augen zu!, Max, Verlagsgruppe Milchstraße, München Juni 2004.

o. V. (2005): Antique Project – Guerilla Store, Falter – Best of Vienna, Nr. 1/2005, S.43.

o. V. [27. 5. 2005a]: Reportage zum Tagesthema am 27. 5. 2005, Der iPod – Apples Marketingstrategie fürs Herz, www.inforadio.de, Stand: 07.2005.

o. V. [27. 5. 2005b]: Die Trachten-Guerilla, Rondo/Beilage Der Standard, Nr. 320, 27. Mai 2005, S. 17.

o. V. [22. 8. 2005]: Reiz des Geruchssinns auf betörende Weise, Filmecho Filmwoche in: www.interscent-ag.com/presse/pr_filmwoche.htm, Stand: 03.2006.

o. V. [26. 2. 2006]: Billiger werben im öffentlichen Raum, Der Standard, derstandard.at/?url=/?id=2357319, Stand: 03.2006.

Pricken, Mario (2003): Visuelle Kreativität, Verlag Hermann Schmidt Mainz 2003, S. 10.

Przybyla, Anne [26. 8. 2005]: Guerilla Store eröffnet für zwei Monate im Quartier 110, Die Welt.de, Berlin, www.welt.de/data/2005/04/09/671155.html, Stand 03.2006.

Raschke, Marc (2005): Mittendrin, Erkundigungen bei den Marktforschungsunternehmen Sinus Sociovision und Sigma, Brand Eins 8/2005, S.68ff.

Rothenberg, Albert/Hausman, Carl R. (1976): The Creativity Question, Duke University Press, Durham 1976.

Schamari, Ulrich [20. 11. 2004]: Das Prinzip Sixt: Frech und zielsicher, Die Welt.de, www.welt.de/data/2004/11/20/362593.html, Stand: 03.2006.

Scholz, Joachim (2005): Brandbriefe aus dem Netz, Werben und Verkaufen, Nr. 5, Mai 2005, S.30–34.

Schulte, Thorsten/Pradel, Marcus (2004): Guerilla Marketing für Unternehmenstypen, Verlag Wissenschaft und Praxis 2004, S.25.

Schweiger, Günter/Schrattenecker, Gertraud (2001): Werbung, Lucius & Lucius Stuttgart, 5. Auflage, S.101f.

Spies, Thomas (2002): Retro-Marketing – Zurück in die Zukunft?, acquisa – das Magazin für Marketing und Vertrieb, Ausgabe 5, S. 1-6.

Srnka, Katharina J. (2005): marketing.ethik.&kultur, Rainer Hampp Verlag, 1. Auflage, München 2005 S. 2ff, 24, 37.

Srnka, Katharina J./Koeszegi, Sabine T. (2006): From Words to Numbers – How to Transform Rich Qualitative Data into Meaningful Quantitative Results: Guidelines and Exemplary Study, Schmalenbach Business Review, März 2006, S. 2–5.

Sternberg, Robert J./Lubart, Todd I. (1996): Investigating in Creativity, American Psychologist, Juli 1996.

Trommsdorff, Volker (2003): Werbe-Pretests – Praxis und Erfolgsfaktoren, Stern Bibliothek, Hamburg April 2003, S. 70–75.

Tull, Donald S./Hawkins, Delbert I. (1990): Qualitative Research, Marketing Research, Measurement and Method, New York 1990, S. 402.

Uchatius, Wolfgang (2000): Global Player, Konzerne gegen Nationen, Die Zeit, Vol. 37 2002, Hamburg, hermes.zeit.de/pdf/archiv/archiv/2000/37/200037_multis3.xml.pdf, Stand: 03.2006.

Ulmann, Gisela (1968): Kreativität, Verlag J. Beltz, Weinheim, Berlin, Basel, 1968, S. 44.

Urban, Klaus K. (1993): Neuere Aspekte in der Kreativitätsforschung. Psychologie in Erziehung und Unterricht, Basel 1993, S. 161–181.

Wehleit, Kolja (2003): Leitfaden – Ambient Media, Göttingen 2003, Business Village Verlag, S. 13–42.

Weisberg, Robert W. (1993): Creativity: Beyond the myth of genius, New York 1993.

Weisberg, Robert W. (1989), Kreativität und Begabung, Heidelberg 1989 (orig. 1986), Spektrum Verlag.

Wiberg, Albin (2003): Spice Added, Absolut Reflexions, No. 1, März 2003, S. 15.

Williamson, Kirsty (2000): Sampling, zitiert in: *Williamson, Kirsty:* Research Methods for Students and Professionals: Information Management and Systems, Wagga Wagga: Centre for Information Studies, CSU, zitiert in: *Al-Saggaf, Yeslam/Williamson, Kirsty (2004):* Online Communities in Saudi Arabia: Evaluating the Impact on Culture Through Online Semi-Structured Interviews, Forum Qualitative Sozialforschung, Vol. 5, No. 3, Art. 24, September 2004.

Wolf, Sandra (2002): Zukunft verpacken – Bedeutung von Trendscouting für Verpackungsdesign, wolf media lounge, Berlin, www.wolfmedialounge.de, Stand: 05.2005.

Veranstaltungen und Vorträge

Glück, Judith [21.11.1998]: Kreativitätsforschung und Pädagogische Psychologie, Universität Wien, Vortrag im Rahmen der Lehrveranstaltung am 21. November 1998.

Holzapfel, Felix [11.3.2005]: Mobile Guerilla Marketing, Conceptbakery Köln, Vortrag im Rahmen des 2. Guerilla Marketing Kongresses Köln am 11. März 2005.

Horx, Matthias [7.11.2005]: Einführung in die Kunst der Trend- und Zukunftsforschung, Vortrag im Rahmen des Trend Innovation Day/ Consumer Trends 2005. Zukunftsinstitut GmbH, MuseumsQuartier Wien, 7. November 2005.

Kemper, Wulf-Peter [11.3.2005]: U-Turn to success, Oysterbay Werbeagentur, Hamburg, Vortrag im Rahmen des 2. Guerilla Marketing Kongresses Köln am 11. März 2005.

Kratky, Jaro [24.11.2003]: Guerilla Marketing am Beispiel des Unternehmens Lobmeyr, Vortrag zum MCÖ Clubabend am 24. November 2003 in den Räumlichkeiten der Firma J. & L. Lobmeyr GesmbH, Kärntner Straße 26, 1010 Wien.

Kreuz, Peter [11.3.2005]: Business Querdenken – Clevere und ungewöhnliche Akzente setzen jenseits von Marketing und Kommunikation, Advanced Innovation Wien, Vortrag im Rahmen des 2. Guerilla Marketing Kongresses Köln am 11. März 2005.

Langen, Oliver [11.3.2005]: Durchgeknallt und abgemahnt! Rechtliche Aspekte im Guerilla Marketing, Vortrag im Rahmen des 2. Guerilla Marketing Kongresses Köln am 11. März 2005.

Pauli, Andreas [11. 3. 2005]: Ansätze zur Bewertung und Planbarkeit von Guerilla-Aktionen, Leo Burnett GmbH, Frankfurt, Vortrag im Rahmen des 2. Guerilla Marketing Kongresses Köln am 11. März 2005.

Zorbach, Thomas/Zerr, Michael [11. 3. 2005]: Wer hat Angst vor Viralem Marketing, www.vm-people.de, Vortrag im Rahmen des 2. Guerilla Marketing Kongresses in Köln am 11. März 2005.